KB037033

인간 안내서

인간 안내서

초판 1쇄 인쇄 2023년 11월 20일
초판 1쇄 발행 2023년 11월 30일

지은이 스테판 게이츠 | 옮긴이 제효영
펴낸이 홍석
이사 홍성우
인문편집부장 박월
편집 박주혜·조준태
디자인 디자인잔
마케팅 이송희·김민경
관리 최우리·김정선·정원경·홍보람·조영행·김지혜

펴낸곳 도서출판 풀빛
등록 1979년 3월 6일 제2021-000055호
주소 07547 서울특별시 강서구 양천로 583 우림블루나인비즈니스센터 A동 21층 2110호
전화 02-363-5995(영업), 02-364-0844(편집)
팩스 070-4275-0445
홈페이지 www.pulbit.co.kr
전자우편 inmun@pulbit.co.kr

ISBN 979-11-6172-892-6 04400
       979-11-6172-887-2(세트)

※ 책값은 뒤표지에 표시되어 있습니다.
※ 파본이나 잘못된 책은 구입하신 곳에서 바꿔드립니다.

인간 안내서

● 더러워서 묻지 못했던 내 몸의
　온갖 과학적 사실들

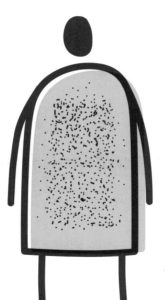

스테판 게이츠 지음
제효영 옮김

풀빛

차례

8장   몸짓 언어

들어가며

안녕, 멋진 인간 여러분

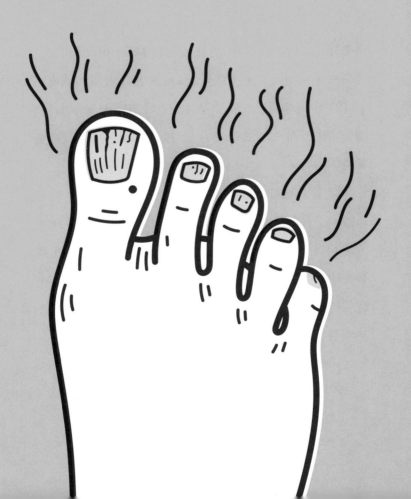

우리 몸의
민망한 모습들

축축하고 끈적한데다 시끄럽고, 울퉁불퉁하며 버석거리고 냄
새도 아주 고약하지만, 절대적으로 중요한 내 몸의 세계에 온
걸 환영한다. 우리는 어릴 적부터 인간의 별난 생물학적인 특
징을 부끄럽게 여기도록 배워 왔다. 사실 이 사회는 인간을
통제하기 위해 '수치심'을 이용해 왔다.

하지만 은밀하게 느껴 온 민망함에 당당히 맞서야 할 때
가 왔다. 우리 몸과 사랑에 빠지자. 나는 여러분의 여드름뿐
만 아니라 몸 냄새, 사마귀, 종기, 방귀, 발가락 사이에 낀 때,
몸에서 흘러나오는 각종 미끈거리고 찐득하고 끈끈한 물질
들, 끊임없이 떨어져 나오는 딱지, 비듬, 부스럼 조각까지 전
부 사랑한다.

이 책은 우리 인간의 불완전함과 특이점, 주름을 찬양하

고 우리 몸에 함께 사는 미생물과 기생충에게 고마움을 전한다. 분명 여러분은 매력적인 얼굴에 멋진 손가락, 완벽한 머릿결과 백옥 같은 피부를 가졌겠지만, 이는 그저 태어날 때부터 주어진 우연의 산물일 뿐이다. 겉모습은 변덕스러운 운명의 손길과 유전자가 결정짓는데, 이 때문에 진짜 흥미로운 특징이 가려지기도 한다.

완벽하지 않은 면들, 시인이 절대로 주제로 삼지 않을 부분들이야말로 인간을 불완전하지만 독특하고 복잡하게 만든다. 방귀와 구토, 점, 고름, 오줌 없이 사는 인간을 본 적이 있는가?

이 책의 원래 제목은 《Rude Science(무례한 과학)》이다. (나를 비롯한) 모든 사람은 우리 몸의 정상적인 기능을 극히 부끄럽게 여겨야 한다고 배웠고, 실제로도 부끄러워한다. 몸의 정상 기능을 '무례하다(태도나 말에 예의가 없다)'고 하는 건 전자레인지가 '화가 잔뜩 나 있다'고 하는 것만큼이나 우스꽝스럽다. 내 몸에서 떨어져 나오는 각종 물질에 윤리 기준이나 예절을 들이대야 할까? 이는 살아 있는 인간이라면 누구나 하는 작용일 뿐이다.

나는 여러분이 신체의 여러 작용에 부끄러움을 느끼기보다 그 속에 감춰진 멋진 점을 보면 좋을 것 같다.

마음대로 할 수 없는 생물적인 특징에 굴욕감을 느끼는 건 지극히 인간적이지만 비극이다. 이를 좀 더 터놓고 이야기하면 벌거숭이가 된 느낌이 들더라도 조금은 더 편안해질지도 모른다. 괴상한 건 하나도 없고 그저 신비한 점만 있음을 깨달을지도 모르고.

그렇다고 이제부터 우리 모두 저녁 식탁에서 브리스톨 대변 척도(Bristol stool scale, 브리스톨 왕립병원에서 개발하였으며, 대변 형태를 1단계 변비에서 7단계 물 설사까지로 나눈다-옮긴이)를 논하자는 소리는 아니다. 다만 이 책이 우리의 관심을 올바른 방향으로 향하게끔 살짝 찌르는 역할은 할 수 있다고 여긴다. 우리가 자신을, 그리고 서로를 아주 조금이라도 더 사랑하게 만든다면 그것만으로도 가치 있지 않을까?

이 책에서 다루는 놀라운 사실 중에 질병에 관한 건 없다. 그런 내용은 이미 여러 훌륭한 책들이 다뤘다. 내가 이 책을 쓴 목표는 우리 몸에서 일상적으로 일어나는 일인데도 책에서는 대부분 다루어지지 '않는' 내용을 드러내어 우리가 민망

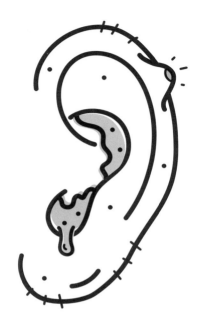

함을 덜 느끼도록 만드는 것이다.

일부 병리학적으로 좀 깊이 들어간 내용도 여드름, 딱지, 종기, 사마귀 등 대다수가 경험하는 것들뿐이다. 이것들 모두 사소하지만 막상 겪으면 굉장히 큰일처럼 느끼는 이유는, 예의 바른 사회에서 환영받을 수 없기 때문이다. 하지만 이제 발진 이야기도 떳떳이 할 때가 됐다.

더러워서 묻지 못할 과학 같은 건 없다. 우리가 아직 친해지지 못한 과학만 있을 뿐이다.

의학적인 참고 사항

말할 필요도 없을 만큼 분명한 사실 한 가지를 짚고 넘어가야 한다. 과학과 의학은 다르다. 무엇이든 염려되는 건강 문제가 있다면 나 같은 괴짜 말고 의사와 상담해야 한다.

인간에 관한
아주 멋진 숫자들

7,000,000,000,000,000,000,000,000,000개.

우리 몸을 이루는 원자의 개수다. 이 원자가 기가 막히게 들어찬 30조 개 세포가 세밀하게 조합되어 있다. 세포는 서로 분리되고 다시 결합하면서 사람마다 고유한 유전적 청사진을 그린다. 인간은 서로 DNA가 99.5% 일치하지만 전부 다르다. 우리 한 명 한 명은 지난 5만 년 동안 살다 갔거나 현재 살아 있는 1,000억 명의 사람을 통틀어 유일하면서도 특별한 존재라는 뜻이다.

우리가 음식을 먹고 마시면, 몸 안에서는 엄청나게 복잡한 수조 가지의 생화학 반응이 연이어 일어난다. 인체는 온갖 액체, 기체, 단백질, 탄수화물, 지방, 세포가 생기고 분해되는 분주한 화학 실험실이다. 심지어 수많은 반응이 한꺼번에 일어나기도 한다.

우리 몸의 다양한 세포는 계속 죽고 또 태어난다. 교체 빈도가 높아 몸 전체 세포의 평균 나이가 15세밖에 안 될 정도다. 우리 몸속에서 일어나는 반응을 전부 '대사'라고 묶어서 말하는데, 대사는 DNA 암호에 정해진 대로 조절된다.

이에 따라 우리 몸은 수분 64%, 단백질 16%, 지방 15%, 무기질 4%, 탄수화물 1%의 조합으로 이루어진다. 또 매일 침 1.5ℓ, 땀 535㎖, 콧물 1.2ℓ, 오줌 1.6ℓ, 적혈구 240만 개, 대변 150g, 위액 2.5ℓ, 눈물 1㎖와 죽어 떨어져 나오는 피부 세포 1.4g을 만든다.

우리는 또 1만 1,000번 숨을 쉬고 눈을 1만 5,000번 깜박인다. 뱃속에서 생기는 가스 1.5ℓ는 10~15회에 걸쳐 방귀로 나온다. 가스는 장에 있는 200g의 세균이 만든다. 털은 모두 합쳐 500만 올 정도이고 그중 머리에 붙은 건 10만~15만 개뿐이다. 머리카락은 매일 0.4mm씩 자란다. 손톱은 한 달에 3.5mm씩, 발톱은 1.6mm씩 자란다.

기왕 숫자 이야기가 나왔으니 말인데, 우리 몸속에서 출렁거리며 흐르는 피가 5.5ℓ라는 사실도 잊으면 안 된다. 이 혈액은 정맥과 모세혈관을 통틀어 매일 10만 km(잘못 읽은 게 아니다)를 흐른다. 심장은 혈액이 흘러가도록 밀어낸다. 심장은 매일 10만 번 뛰며 총 6,200ℓ의 피를 온몸으로 내뿜는다. 또 한 가지 멋진 수치를 덧붙이자면, 몸에 있는 DNA를 전부 풀면 전체 길이가 160억 km에 달한다고 한다.

몸에 있는 장기는 78개, 뼈는 성인의 경우 206개다(아기는 300개 이상이다). 근육은 600개가 넘고, 털이 없는 젖꼭지 2개와 흔적 꼬리 하나가 있다.

그럼 인체의 가치는 얼마나 될까? 음… 값을 따질 수 없다고 말하고 싶지만, 2013년 영국 왕립화학학회가 인체를 구성하는 모든 요소를 가장 순수한 재료로 마련할 때 인체 하나를 새로 만드는 비용이 얼마인지 계산했다. 그 결과, 재료비만 무려 9만 6,546.79파운드(대략 1억 6,000만 원)가 드는 것으로 밝혀졌다.

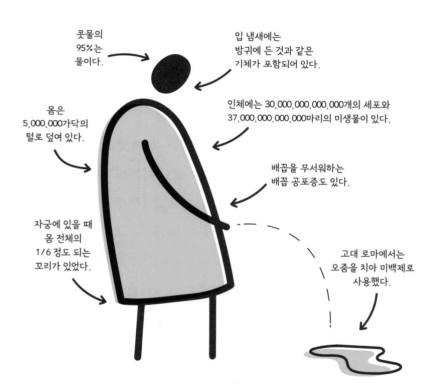

콧물의
95%는
물이다.

입 냄새에는
방귀에 든 것과 같은
기체가 포함되어 있다.

몸은
5,000,000가닥의
털로 덮여 있다.

인체에는 30,000,000,000,000개의 세포와
37,000,000,000,000마리의 미생물이 있다.

배꼽을 무서워하는
배꼽 공포증도 있다.

자궁에 있을 때
몸 전체의
1/6 정도 되는
꼬리가 있었다.

고대 로마에서는
오줌을 치아 미백제로
사용했다.

내게 호기심을 심어 주신 멋진 아버지,
에릭 게이츠께 바칩니다.

1장

축축하고 끈적하고
버석거리는 것들

축축한 몸

인체가 하루 동안 사용하는 물은 약 2.5ℓ인데, 그중 마셔서 얻는 건 3분의 2뿐이다. 놀랍게도 22%는 우리가 먹는 음식에서, 더 놀랍게도 12%는 세포에서 연료를 태우는 대사 활동의 부산물로 얻는다.* (자동차에서 휘발유가 연소하면 이산화탄소와 물이 생기는 것과 같은 방식이다. 물론 자동차에서는 몇 가지 불쾌한 오염물질도 함께 만들어진다.)

대체로 인체의 약 60%는 물이다. 몸의 수분 비율은 여성이 52~55%, 남성은 60~67%로, 여성이 남성보다 물이 적다. 성별이 같아도 사람마다 수분에 차이가 있는데, 이유는

---

* 낙타도 비슷하다. 낙타가 혹에 물을 저장하는 건 아니지만 혹이 수분을 공급하는 원천인 건 맞다. 낙타의 혹은 통조림 햄처럼 기름기가 많은 조직으로, 이 조직에서 일어나는 대사로 물이 생긴다.

대부분 체지방 비율 때문이다(몸에 지방이 많을수록 수분 비율이 낮다). 뇌는 수분이 75~80%에 이를 만큼 아주 축축하며 지방과 단백질이 곳곳에 분산되어 있다. 중요한 건 우리 몸에 다른 어떤 물질보다 물이 많다는 점이다.**

몸에 수분이 너무 많아도 목숨을 잃을 수 있다. 연금술사이자 유명한 의사였던 (독성학의 아버지로도 불리는) 파라켈수스(Paracelsus)의 말은 정확하다.

"모든 물질은 독이며, 독성은 양이 좌우할 뿐이다."

매일 물을 2ℓ는 마셔야 한다고 생각하는 사람이 많지만, 대다수 영양학자는 그 말에 동의하지 않는다. 그들은 '수분을 충분히 보충해야 한다'는 점에만 동의할 뿐이다.

실제로 지나치게 많은 물을 너무 빨리 마시면 물 중독증이 생길 수 있다. 몸속 전해질이 균형을 잡을 수 없을 만큼 급속히 희석되기 때문이다. 미국 캘리포니아에서는 젊은 여성

** 더 자세한 내용이 궁금한 이들을 위해 조금 더 설명하자면, 몸의 액체는 두 종류로 나눌 수 있다. 몸 전체 수분 중 3분의 2는 세포 내부에 있는 세포내액이고, 3분의 1은 세포 바깥에서 흐르는 세포외액이다. 림프계, 세포와 세포 사이(예를 들어 세포막과 피부 사이)를 채운 간질액과 혈장, 뇌척수액이 세포외액에 해당한다.

이 한 라디오 방송국에서 주최한 물 마시기 대회에 출전해 3시간 동안 물 6ℓ를 마시고 사망한 사례가 있다. 1995년에는 영국의 한 여고생이 엑스터시 복용 후 숨졌는데, 90분도 채 안 되는 시간에 물을 7ℓ나 마신 게 사인으로 밝혀졌다.

콧물과 코딱지

우리는 온종일 코에서 점액을, 그러니까 콧물을 만든다(그리고 삼킨다*). 비강, 입과 목 안에서 24시간 동안 만드는 콧물의 양은 1~1.5ℓ다. 찐득한 젤 같은 영리한 콧물은 먼지와 세균, 바이러스같이 기도 주변을 얼쩡대는 수상한 물질을 붙잡는다. 우리가 매일 들이마시는 공기는 약 8,500ℓ인데, 여기에는 섬세한 폐에 해를 입힐 수 있는 아주 작은 입자와 미생물이 가득하다. 그러므로 콧물은 엄청나게 중요한 방어막이다.

이 끈적한 물질은 분비된 후 '점액섬모운동'이라는 멋진 수송 체계를 통해 인두로 스르르 흘러간다. 인두에 도착한 콧물은 꿀꺽 삼켜져 위의 강력한 산성 위액과 만나 파괴되거나

---

* 우리가 하루 동안 의도치 않게 콧물을 삼키는 횟수는 2,000회 정도다. 30초에 한 번 꼴인 셈이다.

(그보다 낮은 빈도로) 기침, 재채기로 배출된다.

콧물의 95%는 물이다. 젤리 같은 점성은 콧물의 2~3%를 차지하는 뮤신이라는 커다란 당단백질에서 비롯한다. 뮤신은 점액선과 점액세포에서 분비된다. 아주 커다란 분자인 뮤신이 끈과 가닥, 면 구조를 형성하고 여기에 물이 결합해 교차결합 구조의 끈끈하고 쫀득한 반고체 젤*이 된다. 나머지는 프로테오글리칸과 지질, 단백질, DNA다.

점액섬모운동은 연동운동, 순환과 더불어 내가 참 좋아하는 인체 내 수송법이다. 우리가 들이마시는 공기에 섞인 불청객을 싹 잡아낸 콧물은 현미경으로 봐야 보이는 작은 머리카락 모양의 섬모 수백만 가닥에 실려 천천히 인두로 옮겨진다. 섬모는 초당 약 16회 박동하면서 콧물을 분당 6~20mm 속도로 밀어낸다.

콧물은 금세 죽어 버리는 바이러스가 살아남도록 안전하고 습한 피난처가 될 수 있기에 문제를 일으키기도 한다. 스

---

* 젤은 정말 멋지다. 대부분이 액체인데도 교차결합 구조라 고체의 특징이 나타난다. 19세기 스코틀랜드 콜로이드 화학자 토머스 그레이엄(Thomas Graham)이 젤라틴을 줄여 '젤'이라는 단어를 만든 것도 흥미롭다.

위스에서 실시한 연구에서는 독감 바이러스가 지폐에 묻으면 몇 시간밖에 못 살지만, 콧물은 극히 적은 양만 묻어도 보름 이상 생존하는 것으로 밝혀졌다.

그럼 콧물은 어떻게 코딱지가 될까? 초등학생이라면 누구나 코딱지는 콧물보다 물기 없이 딱딱해서 손가락으로 튕기기 쉽다는 사실을 잘 안다.

호흡기 전체를 통틀어 콧구멍 근처에서는 증발이 활발하게 일어나 점액이 쉽게 마른다. 콧물이 말라 점액섬모운동이 제대로 작용할 수 없어지면, 뭉쳐져 덩어리가 된다(내 소견으로는 겉은 마르고 속은 축축한 상태가 딱 좋다). 그러면 탐험을 즐기는 깨끗한 손가락의 도움이 필요하다.

콧물 탐구

원래 콧물은 다소 묽고 투명하지만, 병이 들면 점성이 높아지며 백혈구가 감염과 싸우면서 분비하는 골수세포형 과산화효소(항균 효소)로 인해 노란색이나 녹색을 띨 수 있다.

미국 위스콘신의 연구진이 조사한 결과를 보면 연구 대
상자의 91%가 코를 판다고 한다(적게 잡아도 91%는 자신이 코
를 판다는 사실을 인정했다). 그중 한 명은 매일 1~2시간을 들여
코를 판다고 고백했다. 인도 벵갈루루에서 실시한 연구에서
는 청소년 대다수가 매일 4회 정도 코를 판다고 했으며 그중
20%는 자신이 '코를 너무 많이 파는 것 같다'고 심각하게 염

려하는 것으로 나타났다. 12%는 그냥 재미있어서 코를 판다고 했다.

이쯤 되면 여러분 모두가 간절하게 답을 알고 싶은 질문 하나가 떠오를 것이다. 코딱지를 손가락으로 파낸 다음에 섭취해도 괜찮을까? 그러니까 "코딱지를 먹어도 안전할까?" 2004년 오스트리아 폐 전문가 프리드리히 비스친거(Friedrich Bischinger) 교수는 코딱지 섭취가 면역계에 도움이 된다고 밝혔다(어쨌든 점액섬모운동 덕분에 다들 코딱지를 삼키게 된다). 이 견해를 뒷받침하는 연구 결과는 없지만, 손가락이 깨끗하다면 크게 문제가 될 건 없다. 단, 너무 열정적으로 파헤치느라 코에 상처를 내지 않도록 조심하자.

가래

가래(Phlegm)라는 단어는 종이 위에 글자로 적혀 있을 때는 꽤 멋지게 느껴진다. 하지만 폐에서는 콧물과 비슷한 끈적끈적한 젤이다. 가래와 콧물은 둘 다 점막에서 생기지만 콧물은 코와 목, 입 내벽에 머물고 가래는 대체로 병이 났을 때 폐에서 만들어진다는 차이가 있다. 목에서 '그르렁'대는 소리가 날 때, 폐에 생긴 불쾌한 물질을 내보내기 위해 만들어지는 젤처럼 끈적한 물질이 바로 가래다. 이것이 입안에서 침과 섞이면 가래침이 된다.

건강한 사람에게서 매일 만들어지는 가래 양은 15~50㎖로 매우 적다. 하지만 병이 나면 인체의 가래 공장이 본격적으로 가동된다. 점막이 가래 생산량을 어디까지 높이는지는 병에 따라 다르지만, 기관지루가 생기는 불운한 지경에 이르면 하루 최대 2ℓ까지 만들어진다. 정말 엄청난 양이다.

가래는 폐에서 위험 물질을 붙잡아 제거하는 인체 방어 메커니즘이다. 가래의 기본 성분은 콧물과 비슷해 물과 가래를 젤처럼 만드는 물질, 단백질, 염, 그리고 항체와 효소로 이루어진다. 색깔은 가래가 발생한 원인에 따라, 즉 감기, 기관지염, 독감, 연기나 먼지 흡입에 따라 추가로 섞이는 물질의

가래 탐구

콧물이 점액섬모운동을 통해 목으로 내려가듯 가래는 목과 폐 내벽의 아주 작은 섬모가 물결치듯 움직이는 '섬모배출운동'을 통해 위로 이동한다. 기침은 섬모배출운동에 힘을 실어 준다(94쪽 참고). 점액이 폐와 목의 신경 수용체(외부 신호를 내부로 전달하는 역할을 함)를 자극해 기침을 유발하면 가래는 공기와 함께 강제로 밀려 올라간다. 가래가 (그 속에 포함된 달갑지 않은 물질과 함께) 인두에 도착하면, 곧장 입으로 나와 휴지로 직행하기도 하지만(가래를 뱉는 우아한 방식이다) 삼켜져 위로 간 다음 해로운 물질과 함께 산성 위액에 파괴되는 경우가 훨씬 더 많다.

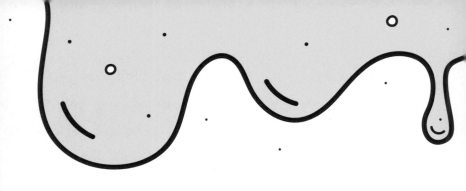

영향으로 녹색, 붉은색, 누런색, 갈색 심지어 검은색까지 띤
다. 그래서 가래를 자세히 살피면 문제의 근본 원인이 무엇인
지 많은 정보를 얻을 수 있다. 가래가 투명하면 일반적으로
바이러스 감염이고, 희거나 노란색을 띠면 고름이 섞였을 가
능성이 있으므로 세균 감염이 의심된다. 초록색은 특정 세균
의 감염을, 붉은색은 출혈을 나타내며, 검은색이면 석탄 가루
같은 입자를 들이마셨을 가능성이 높다.

　가래는 호흡기가 안 좋다면 호흡 곤란 등 여러 문제를 일
으킬 수 있다.

귀지

우리 몸에서 생기는 끈적한 물질로, 건강에 아주 중요한데도 다들 너무나 싫어하는 것이다. 영어로 earwax 또는 점잖게 cerumen이라고도 한다. 약간 쓴맛이 나는데(일단 내 건 그렇다), 오래된 피부 세포에서 나온 케라틴(60%)과 털, 모낭의 피지 샘에서 분비된 찐득한 피지가 포함된 기름(12~20%), 그리고 외이도에 있는 땀샘 귀지선에서 분비된 덜 끈적한 물질이 전부 합쳐져 만들어진다. 스쿠알렌, 알코올, 콜레스테롤도 다양한 함량으로 들어 있다.

밀랍과 비슷하고 항균 기능을 가진 이 혼합물은 여러 방식으로 귓구멍을 보호한다. 방수제이자 윤활유로 작용하고 일부 세균과 진균을 죽이며, 귀털에 코팅되어 먼지, 세균 같은 달갑지 않은 물질이 섬세한 귀 내부로 들어오지 않고 털에 붙도록 만든다.

흥미로운 사실은 귀지는 건형(가루처럼 부서짐)과 습형(엿처럼 끈적임)으로 나뉘고 사람마다 어느 쪽인지가 유전자로 결정된다는 점이다. 습형이 더 흔한데, 기름 함량이 높고 노르스름하거나 갈색을 띤다. 아프리카인이나 유럽인에게 많이 나타난다. 미국 인디언, 동아시아인이나 동남아시아인은 귀지가 회색을 띠는 건형이 많다. 연구를 통해 습형인 사람은 겨드랑이에서 몸내가 많이 나고, 건형은 그럴 가능성이 훨씬 낮다는 사실이 확인됐다.

깨끗한 손가락으로 귀지 파내는 걸 즐기는 사람이 많은데, 사실 그래서는 안 된다. 귀에는 상피세포이동으로 알려진, 컨베이어벨트와 비슷한 멋진 자가 청소 메커니즘이 있기 때문이다. 귀의 고막(중이 안쪽을 밀봉해 보호하는 차단막) 세포는 손톱과 거의 같은 속도로 바깥을 향해 자라면서 귓속에 떨어진 물질이 귀 안쪽이 아닌 바깥으로 가도록 만든다. 자연스럽게 이루어지는 턱운동도 이 이동에 힘을 보탠다.

그래도 다들 알다시피 가끔은 귀지가 나오도록 조금은 손을 써야 할 때가 있다. 하지만 절대 면봉을 귓구멍에 넣어서는 안 된다. 내 주치의는 귀에 팔꿈치보다 작은 건 절대 아무것도 넣으면 안 된다고 했다. 이롭기보다 해로울 가능성이 더 크기 때문이다.

필요하다면 병원에 가서 귓속을 좀 봐 달라고 하자. 귀지가 괴로울 만큼 정말로 꽉 찬 경우 병원에서 귀지를 부드럽게 만들어 쉽게 빠지도록 만드는 약을 처방해 줄 것이다.

운이 좋으면 의사가 따뜻한 물로 귓속 막힌 부분을 뚫어 주겠다고 할 수도 있다. 나도 그 상쾌한 귀 청소를 경험해 봤는데, 한 번 더 받을 수 있다면 돈을 얼마든지 낼 의향이 있다. 내가 만난 의사는 약하게 진동하는 소형 분사 장치로 막힌 귀지가 움직이도록 귀 안쪽에 물을 쐈다. 막혔던 귀가 뻥 뚫렸을 때의 그 느낌이란! 물이 '콸콸' 흐르는 소리가 갑자기 크게 들리던 순간, 정말이지 너무 놀라 무릎이 덜덜 떨릴 정도였다.

구토

매일 위 내벽 안쪽 깊숙한 곳에 자리한 위샘에서 2~3ℓ의 위액이 만들어진다. 위액은 수소이온지수(pH)가 1~3으로 산도가 굉장히 높다. 우리가 '커다란 흰색 전화기를 붙들고 휴이랑 통화할 때'* 입속에 신맛이 계속 남는 이유도 그래서다. 인체의 다른 수많은 액체가 그렇듯 이 혼합물도 흥미진진한 탐구 대상이다. 위액으로 음식을 익힐 수 있다는 사실은 시작에 불과하다('구토 탐구' 참고).

위액에는 '내인자'라는 굉장한 물질(비타민 B12를 흡수한다)과 가스트린을 비롯한 여러 호르몬, 펩시노겐이라는 효소(실

---

* 토한다는 의미다. (구토를 뜻하는 영어의 관용 표현으로 큰 흰색 전화기는 변기를 의미한다. 통화 상대를 휴이[Huey]라고 하는 건 토할 때 나는 소리를 표현한 의성어로 추정된다.-옮긴이)

구토 탐구

위액의 다양한 특징 중 나는 특히 음식을 익힐 수 있다는 점을 좋아한다. 순수 위액을 한 컵 정도 토하면◆(빈속에는 위액이 30㎖ 정도밖에 없으므로 그리 쉬운 일은 아니다. 위에 음식물이 도달해야 위샘에서 위액이 만들어지기 때문이다) 위액으로 달걀 익히기 실험을 할 수 있다. 토한 위액에다 달걀 하나를 깨면, 위액의 산과 만난 달걀 단백질이 프라이팬에서 열을 가해 익힐 때와 거의 같은 방식으로 변성되어 흰자가 천천히 불투명해진다. 페루 음식인 세비체는 라임즙을 이용해 이와 같은 방식으로 재료를 익힌다. 날생선을 라임즙에 재어 놓으면 마찬가지로 단백질 변성이 일어나 생선 색이 불투명해지고 표면에 있던 세균도 죽는다. 위액에 우유를 넣으면 곧바로 엉기며 덩어리지는 것을 볼 수 있다. 이렇게 산도가 높은 물질은 절대 먹거나 마시면 안 된다.

위액에 재미있는 기능만 있는 건 아니다. 살모넬라 감염이나 콜레라, 이질, 장티푸스 등 각종 감염 질환을 일으키는 수십억 마리의 미생물이 음식과 함께 몸에 들어올 수 있는데, 위액은 이런 미생물의 상당수를 죽인다. 또 매일 우리

◆ 나는 한 TV 다큐멘터리를 촬영하면서 순수 염산(E507, 유럽연합에서는 식품 첨가물을 종류별로 정확하게 표기하기 위해 알파벳 E로 시작하는 번호를 부여한다─옮긴이)을 비롯해 내 몸에 있는 여러 식품 첨가물을 추출하기 위해 이런 시도를 한 적이 있다.

가 삼키는 1~1.5ℓ의 콧물에 붙들린 세균과 진균 포자의 제거도 돕는다(25쪽 참고). 그 밖에 고기와 생선의 근육 섬유와 연결 조직을 분해하고, 펩신 효소의 소화 기능을 높이며, 칼슘과 철의 흡수를 돕는다.

망스럽게도 펩시™ 콜라 맛은 전혀 나지 않는다), 물, 염이 포함되어 있다. 위액은 우리 몸의 여러 물질 중 부식성이 상당히 높다. 찐득한 알칼리성 점액도 함께 분비해 위 내벽을 덮는 이유는 위액이 내벽을 태워 구멍이 생기지 않도록 하기 위해서다. 토하면 소화 중인 음식, 무작정 마셔댄 술이 다 나온다. 음식과 위액이 뒤섞인 이 물질을 미즙(chyme, '카임'이라고 읽는다)*이라고 한다.

---

* 이유는 정확히 알 수 없지만 "오, 큰일 났어. 미즙이 나오려고 해"라고 하는 사람은 아무도 없다. 영어에서 구토를 의미하는 chunder(구역질하다, 발음은 '천더'), puke(토하다, '푸크'), vom(토하다, '봄'), barf(토하다, '바프'), spew(뿜다, '스퓨')가 토할 때 나는 소리를 연상시킨다는 사실은 부인하기 힘들다.

되뿜기(역류)

되뿜기는 '위액이 섞인 토사물'을 큰 소리와 함께 극적으로 토하는 행위를 가리킨다. 아기야말로 되뿜기의 대가다. 우리 딸 데이지가 최고로 귀여웠던 생후 4주 차에 내 코에 입을 대고 쪽쪽 빨다가 갑자기 왈칵 되뿜는 모습이 담긴 멋진 동영상을 나는 아직 가지고 있다. 냄새 고약한 음식물이 위와 십이지장(위 바로 다음에 연결된 소장의 일부분)에서부터 올라와 밖으로 분출되는 이 과정은, 우리 몸이 원치 않는 물질을 '안으로 들이기보다 내보내는 게 낫다'는 결정이 내렸을 때 이루어지는 반사 작용이다.

되뿜기는 위에 생긴 문제(주로 잘못된 음식이 들어왔음을 알았을 때)와 악취, 멀미 등으로 유발된다. 이런 자극 요인이 생기면 구역질(속이 울렁거리는 느낌)과 식욕 부진(입맛이 사라지는 것*) 증상이 동시에 나타난다. 이어서 마음대로 조절할 수 없는 복합적인 운동 반응이 생긴다. 갑자기 입안에 수분이 많은 침이 증가하고, 땀이 나고, 어지럽고, 심장이 빨리 뛰기 시작하며, 동공이 확장되고, 피부 혈관이 좁아진다(안색이 '창백해지는' 이유다). 전부 몸이 되뿜기를 실행에 옮기기 위해 준비하는 단계다.

토사물이 위로 솟구치기 직전에는 굉장히 심한 딸꾹질과 비슷한 헛구역질이 시작된다. 그러다 곧 아래에서 올라올 산성도 높은 혼합물이 폐로 들어가지 못하도록 철저히 막기 위해(그랬다가는 극도로 위험한 사태가 벌어지므로) 인두와 비인두가 모두 닫히고 호흡이 억제된다. 그런 다음 십이지장이 수축하고 동시에 위가 이완되면서, 소장으로 이동하던 모든 음식물이 거꾸로, 위로 향한다.

다음으로 횡격막과 복부 벽이 쥐어짜듯 수축하면서 압력이 점점 쌓인다. 이것이 위의 맨 아래쪽(유문 괄약근)과 위가

---

* 엄밀히 따지면 식욕 부진(anorexia)은 단순히 입맛이 사라지는 것이며, 섭식 장애인 거식증은 '신경성 식욕부진증(anorexia nervosa)'이라고 한다. 그러나 영어에서는 거식증을 식욕 부진이라고 하는 경우가 많다.

시작되는 윗부분(위·식도 괄약근)까지 건드린다.

이제 밖으로 뿜을 준비가 끝났다!

위 내용물이 목 위로 솟구쳐 대기 중이던(부디 대기 중이기를) 양동이나 변기로 뿜어져 나온다.

아직 끝이 아니다. 우리 몸이 속을 싹 비워야 한다고 판단한 경우, 이 과정이 여러 번 반복될 수 있다. 다 끝나면 혈류에 엔도르핀이 흐르며 기분이 한결 나아진다.

되뿜기 탐구

위험할 수도 있는 뭔가를 삼켰다면 토하기 위해 직접 손을 쓸 수도 있다. 하지만 정말로 그렇게 내보내야 할지 결정할 권한은 위에게 주는 게 가장 좋다.

토하면 식도에 엄청난 부담을 주는데다 산성도가 높은 위액에 인체의 연약한 부분이 손상될 수 있다. 치아도 마찬가지다. 그 밖에 몸이 허약해지고, 전해질 불균형에 따른 심장 문제, 변비, 속 쓰림, 목이 따갑고 쓰린 증상이 생길 수 있고 트림하다가 토할 확률도 높아진다. 그러니 음식물을 되뿜게 만드는 상황은 최대한 피하자.

속이 좀 안 좋은 것을 최악의 경험이라고 하기는 힘들지만, 몸이 안 좋은 상태에서 이런 되뿜기가 반복적으로 일어나면 고통스럽고 온몸의 기운이 다 빠진다.

고름

자, 지금 내용을 읽으려고 이 책을 산 사람도 있을 것이다. 여러분이 코딱지며 귀지, 구토를 어떻게 생각하는지는 모르겠지만(이제 애정이 생겼기를 바란다), 고름은 차원이 다른 역겨움을 선사한다. 마음 단단히 먹고 따라오기를 바란다.

고름은 인체의 방어 체계가 병원성 세균과 전투를 벌일 때 발생하는, 죽은 백혈구로 이루어진 '매혹적인 물질'이다. 병원성이란 '병을 일으킬 수 있는 생물'을 가리키고, 세균은 극히 작은 생물로 대다수가 세포 하나로 이루어진다. 그렇다고 모든 세균이 나쁜 건 아니다. 오히려 우리에게 꼭 필요한 종류도 많은데 특히 장에 서식하면서 소화를 돕는 100조 마리의 세균이 그렇다(204쪽 참고). 하지만 콜레라며 탄저병, 림프절 페스트, 살모넬라 감염 등을 일으키는 세균은 나쁘다.

피부가 찔리거나 긁히면 그 부위를 통해 굉장히 다양한 세균이 들어올 수 있다. 가장 흔한 것이 장내구균과 포도상구균으로, 상처 감염의 거의 절반을 차지한다.

고름이 생기는 과정은 명확하다.

1. 노출 ⇨ 2. 접착 ⇨ 3. 칩입 ⇨ 4. 군락 형성 ⇨ 5. 독소 방출 ⇨ 6. 조직 손상과 질병

노출은 세균(또는 진균류, 기생충, 단백질 감염원 프리온)이 진입 지점을 통해 인체로 들어오는 것을 의미한다. 보통 입과 코, 엉덩이, 점막(눈, 성기나 질 등 점액으로 습도가 높은 몸의 모든 부분)처럼 인체의 철저한 감시가 이루어지는 몸의 구멍 중 한 군데, 또는 피부 상처로 진입한다. 일반적으로 세균은 거의 다 즉시 죽거나, 무력해지거나, 제거된다. 그러나 가끔 세균이 너무 많거나 유난히 위험한 종류가 인체 세포에 달라붙어 침입하면, 인체 자원을 먹이로 삼아 번식할 '배양소'를 찾아낸다. 그렇게 군락을 형성하면, 독소를 방출해 인체에 영향을 주어 조직 손상과 질병으로 이어질 수 있다.

고름 탐구

피부 아래 고여 있지만 아직 형체가 보이지 않고 피부 사이사이에 채워진 고름을 '농양'이라고 한다. 고름이 두드러지면 '농포'로 불린다(고름집. 116쪽에 나오는 여드름도 농포다). 농포를 짜면 대부분 누르스름한 고름이 나오지만, 호중구가 출동해 사멸시킨 세균의 종류에 따라 녹색이나 갈색, 검은색이기도 하다. 초록색은 호중구가 사용하는 밝은 녹색의 골수세포형 과산화효소나 일부 세균이 스스로 방어하려고 만드는 피오시아닌이라는 녹색 색소에서 비롯한다. 녹색 고름, 산소를 쓰지 않는 혐기성 세균의 감염으로 생긴 고름은 역겨운 냄새가 날 확률이 높다.

하지만 아직 고름이 생기려면 멀었다. 세균은 증식하면서 인체에 손상을 일으키는 독소와 파괴적인 효소를 방출한다. 우리 몸의 백혈구 중 특수한 종류인 대식세포(대=크다, 식=먹는다로 '많이 먹는 세포'라는 의미다)는 이런 나쁜 세균이나 암세포, 그 외 위험한 침입자가 없는지 계속 순찰하다가 적과 딱 마주치면 냉큼 집어삼켜 버린다. 그것도 아주 잔혹하게.

또 이 대식세포는 몇 분 내로 다른 백혈구가 현장에 모이도록 호출하는 화학물질을 분비한다. 곧바로 세균과 진균류를 효소로 분해하는 호중구*가 달려온다. 이 과정은 현미경이 있어야 볼 수 있지만, 염증으로 이런 일이 벌어짐을 알 수 있다. 염증이 생기면 피부가 붓고, 불그스름해지고, 통증이 느껴지고, 열이 난다. 전부 인체의 자기방어 과정에서 일어나는 현상이다.

마침내 고름이 생길 때가 됐다. 호중구는 세 가지 방법을 조합해 나쁜 세균을 처리한다. 섬유질 그물을 만들어 병원균을 옭아매고, 다양한 항균성 독소를 분비하며, 마지막으로 가

---

* 인터넷 검색을 하면 호중구가 세균과 진균류를 먹어 치우는 멋진 동영상이 나올 것이다. 오후 시간을 즐겁게 보내고 싶을 때 볼 만한 영상이다.

장 극적인 세균을 꿀꺽 집어삼키는 일이 일어난다. 쓸 수 있는 효소를 다 소진한 호중구는 녹초가 되어 죽는다. 이 호중구가 점점 쌓이면 단백질 함량이 높은 찐득한 물질이 된다. 이것이 고름이다.

침

침샘에서 매일 만들어지는 침의 양은 약 1.5ℓ다. 평생 우리 몸에서 만들어지는 침을 다 합하면 4만 ℓ쯤이다. 침샘은 입 전체에 있지만 총 세 쌍의 특정 영역에 집중되어 있다. 희한한 사실은 각 쌍에서 제각기 종류가 다른 침이 만들어진다는 점이다. 양쪽 턱 뒤 귀 앞쪽에 자리한 '귀밑샘'에서 침의 25%가 만들어지는데, 이곳의 침은 수분이 아주 많고 점액이 없다. 혀끝 아래쪽 '혀밑샘'에서는 5%만 만들어지지만, 점성이 높고 성분이 풍부해 가장 끈적하다. 혀 뒤쪽 아래에 자리한 '턱밑샘'에서는 가장 많은 침(70%)이 만들어지며 귀밑샘과 혀밑샘에서 나오는 침의 특징을 모두 가진다.

99%가 물인 침*은 입안에 들어온 음식물이 물기가 많아지도록 돕는다. 무기이온과 유기물(대부분 단백질)도 침에 소량

용해되어 있고 아밀라아제와 프티알린 같은 뛰어난 소화 효소도 존재해 입안에서 곧바로 음식의 화학 분해가 시작된다.

침은 또 치아를 건강하게 지키고 음식 성분 중 일부를 녹여 맛을 느끼게 만든다. 라이소자임, 락토페린, 지방 분해 효소인 리파아제 등 세균을 사멸시키는 물질도 있다. 더불어 작고 예쁜 입술의 섬세한 표면을 촉촉하고 유연하게 유지시키고, 끈끈한 뮤신을 치아에 얇은 막처럼 입혀 말하고 음식을 씹고 삼키는 과정을 수월하게 만든다.

---

*   침 뱉기 시합에서 이기는 비법이 있다. 초등학생이라면 누구나 아는 유일한 비법으로, 물기가 많은 침을 콧물과 충분히 섞어 약간 덩어리 형태가 되도록 만들면 된다.

<u>실험 1</u>

침 탐구

침에 든 아밀라아제가 얼마나 강력한지 확인할 흥미로운 실험을 소개한다.

준비물: 버드 인스턴트 커스터드(Bird's Instant Custard, 무조건 버드 상표의 인스턴트 제품이어야 한다) 하나, 끓는 물 약간, 유리컵 2개, 침, 물

① 끓는 물로 커스터드를 만든 다음 30분 간 식힌다.
② 똑같은 유리컵 2개에 커스터드를 50ml 정도 나눠 담는다.
③ 컵 하나를 골라 침을 10회 넉넉하게 뱉고(친구한테 도와 달라고 해도 된다) 잘 젓는다.
④ 대조군이 될 다른 유리컵에 물을 티스푼으로 하나 정도 넣는다(원칙적으로는 첫 번째 잔에 뱉은 침과 같은 양). 첫 번째 잔과 똑같이 잘 젓는다.
⑤ 싱크대에 도마나 큰 접시를 45도 정도로 기울어지도록 세운 다음, 위쪽에 유리컵 2개에 담긴 커스터드를 나란히 붓는다.
⑥ 침이 섞인 커스터드는 묽어져 줄줄 흐르고, 물을 섞은 커스터드는 단단함과 끈적함이 그대로 남은 것을 볼 수 있다. 침에 있는 아밀라아제가 커스터드의 단단함과 점성을 유지하는 옥수수 전분의 복잡한 분자 구조를 분해했기 때문이다.

이 실험이 너무 지저분하다면, 감자 한 조각을 입에 넣고 빨아먹는 방법도 있다. 얼마 지나면 침에 있는 효소의 작용으로 감자의 복합탄수화물이 단순 구조의 당으로 분해되어 혀에서 단맛이 나기 시작할 것이다.

피

사람의 몸에는 평균 5.5ℓ의 혈액이 흐른다. 체중을 기준으로 하면 1kg당 70㎖ 정도다. 혈액에는 여러 성분이 복잡하게 섞여 있지만 크게 물이 대부분을 차지하는 혈장(55%)과 세포(45%)로 나뉜다. 세포는 대부분 적혈구고 백혈구와 혈소판은 훨씬 적다. 혈액은 동맥과 정맥, 모세혈관으로 이루어진 방대한 혈관을 통해 몸 곳곳으로 이동한다. 혈관을 전부 한 줄로 연결하면 길이가 4만~10만 km에 이른다. 심장은 1초에 한 번 이상, 매일 최대 10만 회 박동하면서 6,200ℓ의 혈액을 몸 전체로 보낸다.

혈장 – 55%

옅은 노란색으로 몸 전체에 물품을 배달하는 대형 트럭과도 같다. 92%는 물이며 염과 더불어 음식에서 얻은 영양소 (아미노산, 포도당, 지방산 등), 이산화탄소, 젖산, 질소 함량이 높은 요소, 호르몬, 다양한 단백질이 들었다.

적혈구 – 40~45%

우리 몸에는 약 250억 개의 적혈구가 있다. 혈액 1mm³ 당 약 2,000만 개가 있는 셈이다. 적혈구에는 산소와 결합하는 탁월한 기능을 가진 헤모글로빈이 가득하다. 인체는 매일 240만 개의 새 적혈구를 골수에서 만든다. 적혈구의 수명은 3~4개월이며, 그동안 몸속에서 160km가 넘는 거리를 돌아다니며 폐에서 나온 산소를 여러 조직에 전달한다. 힘든 여정으로 지친 적혈구는 구조가 조금씩 변하고 최종적으로 비장에서 생을 마감한다.

백혈구 – 1%

비중은 고작 1%이지만, 면역계(침입하려는 생물에게서 인체를 지키는 주된 방어 메커니즘)의 필수 구성원이다. 몸속의 고속도로와 샛길을 쉬지 않고 돌아다니며 병을 일으킬 골칫거리가 없는지 확인하고 끊임없는 공격에 맞서 싸운다. 덕분에 우리는 침입체가 나타나도 대부분 깨닫지 못한다.

백혈구는 크게 두 종류로 나뉜다. 먹어 치우는 세포(대식세포)와 나머지다. 대식세포는 눈과 귀가 없지만, 주로 화학 신호를 감지해 감염이 발생한 곳으로 향한다. 이런 끌림을 '주화성'이라고 한다. 백혈구가 알아보는 외인성 단백질은 무려 100만 종에 달한다.

혈소판 – 1% 미만

혈소판은 혈관이 파열된 부위에 모여들어 혈액을 응고시킨다. 이렇게 혈소판이 임시로 틀어막으면 인체는 상처를 치유하는 '응고 연속 반응'을 시작한다.

혈액 탐구

몸속 깊은 곳 동맥에서 흐르는 동맥혈은 산소가 가득해 선홍색이지만, 피부 표면과 가까운 혈관에서 흐르는 정맥혈은 이산화탄소가 가득해 푸르스름하다(손목의 혈관을 봐라). 그런데 정맥혈은 정말로 피가 푸른 게 아니라 장파장인 적색광이 피부에 다량 흡수되어 혈액에 반사되면서 푸르스름하게 보이는 것뿐이다.

피는 대체로 진한 풍미가 있다(단백질 맛이다). 약간의 단맛은 피에 녹은 포도당이고, 살짝 짠맛은 다양한 염 성분이다.

딱지

딱지는 삼출물(흘러나온 물질)과 피브린(혈액을 응고시키는 단백질), 죽어서 찐득해진 백혈구, 혈청(혈액에서 응고되는 부분을 제외하고 남은 혈장)으로 구성된 딱딱한 물질이다. 상처를 치유하는 인체의 섬세하고 복잡한 과정은 아직 정확히 밝혀지지 않았는데, 딱지는 그 과정에서 중요한 기능을 한다.

인체에는 외부 세계의 침입을 막는 다양한 기능이 있다. 상처는 이 체계를 심각하게 뒤흔드는 사건이다. 그래서 상처가 생기면 지저분하고 균으로 들끓는 외부 환경과 몸 사이에 방벽을 세우기 위해 면역계가 엄청난 노력을 한다. 이 과정은 크게 응고기 ⇨ 염증기 ⇨ 증식기 ⇨ 재형성기로 나뉜다.

피부에 상처가 생기면 즉시 혈소판이 모여든다. 혈소판은 칼슘과 비타민K, 피브리노겐 단백질과 힘을 합쳐 혈액을 응고시키고 출혈을 막는 임시 마개를 만든다. 피브리노겐은 공기를 감지하면 분해되어 여러 가닥의 피브린을 만들고, 이것이 그물을 형성해 더 많은 혈액 세포를 끌어들인다. 이 덩어리가 마르면 딱지가 되어 뚫린 곳으로 세균이 들어오지 못하도록 막는 덮개가 된다(응고기). 찐득한 딱지 아래에서는 미생물을 먹어 치우는 백혈구인 대식세포와 침입체의 싸움이 계속된다. 대식세포는 적과 싸우는 효소가 바닥나 사멸할 때까

딱지 탐구

나는 딱지가 생기면 가만두지를 못하고 계속 뜯는다. 내 관심은 맛보다는(물론 단백질이 그득한 풍부한 맛이 나기는 하지만) 그걸 뜯을 때 느끼는 묘한 성취감에 있다. 하지만 딱지를 잡아 뜯는 건 그다지 좋은 생각이 아니다. 세균 침입을 쉽게 만들어 인체가 외부 공격에 취약해지고, 치유 과정을 처음부터 다시 시작해야 하기 때문이다. 딱지 뜯는 게 습관이 되면 강박장애가 있거나 자기 손과 손가락의 피부를 씹거나 먹는 문제를 가진 사람으로 여겨질 수 있다(솔직히 내가 굉장히 흥미를 갖는 분야다. 199쪽에 나온다).

지 세균을 계속 삼킨다. 수명을 다하고 죽은 백혈구 수백만 개가 쌓이면 고름이 되어(46쪽 참고), 딱지 아래에 얼마간 고여 있는다(염증기). 증식기와 성숙기를 거치면서 피부와 혈관, 조직을 복구해 손상을 치유한다.

땀

우리 몸 전체에는 약 250만 개의 에크린 땀샘*이 있다(229쪽 참고). 그중 절반은 등과 가슴에 있지만 밀도가 가장 높은 곳은 손바닥과 발바닥으로, 1cm²당 600~700개의 땀샘이 자리한다. 추울 때는 하루에 약 535mℓ의 땀이 만들어지는데 (땀의 양은 여성은 평균 420mℓ, 남성은 평균 650mℓ) 날씨가 덥거나 운동을 하면 하루에 흘리는 땀의 양이 무려 10~14ℓ까지 증가할 수 있다.

땀은 짭짤하고 산성도가 높으며 특별한 냄새가 없다. 성분은 대부분 물이고 무기질과 젖산, 질산 농도가 높은 요소가 극소량 있다. 몸의 열기를 식혀야 할 때 땀샘에서 땀이 나는

---

* 땀샘의 또 다른 종류인 아포크린 땀샘은 수가 훨씬 적고 겨드랑이, 젖꼭지, 코, 생식기 등 은밀한 곳에 있다.

데, 이는 포유동물에서는 보기 드문 특징이다. 우리 말고 땀이 나는 포유동물은 말이 유일하다.

체온이 높을수록 땀이 더 빨리 나고, 땀의 염도도 높아진다. 인체는 염 농도가 일정 수준으로 유지되어야 하므로 이렇게 땀을 통해 염이 많이 빠지면 위험할 수 있다.

땀의 중요성을 이해하려면 '항상성' 개념부터 알아야 한다. 항상성은 우리 몸의 자체 관리 체계에서 나타나는 특징으로 크고 작은 모든 기능이 올바른 속도로, 올바른 균형 상태를 유지하도록 하는 성질을 의미한다. 각종 무기질과 염, 액체 농도 조절과 혈액의 산성도와 혈압, 체온 유지도 항상성에 포함된다.

항상성은 매우 중요하다. 여러분이 지금 이 글을 읽는 순간에도 몸에서는 수백 가지 다른 화학 반응이 일어난다. 몸이 너무 뜨거워지면 화학 반응이 빠른 속도로 이루어져 금세 목숨을 잃는다. 반대로 체온이 너무 떨어지면 화학 반응이 천천히 일어나 마찬가지로 곧 목숨을 잃는다. 반드시 적정 체온이 유지되어야 한다.

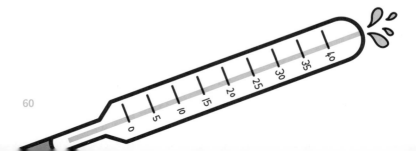

그런데 땀을 흘리면 어떻게 체온이 내려갈까? 증발 냉각이라고 하는, 환상적인 물리 현상에 답이 있다. 땀샘에서 피부로 나온 짭짤한 땀은 몸의 열을 놀라울 정도로 가득 머금고 증발한다. 이렇게 열에너지도 함께 사라지므로 몸의 열이 떨어진다.

땀 탐구

인체는 정말 놀라운 체온 조절 기능을 갖추고 있어 체온이 늘 37℃로 유지된다. 하루 동안 체온이 1℃ 정도 바뀌는 건 정상이다(하루 중 체온이 가장 낮을 때는 보통 잠에서 깨어나고 2시간 후다). 병이 났을 때도 체온 변화가 생기지만, 크게 변하지는 않는다.

체온이 심하게 바뀌는 건 심각한 문제다. 예를 들어 체온이 40℃에 이르면 정상 온도보다 겨우 몇 도 높은 것 같지만, 얼른 떨어뜨리지 않으면 목숨이 위태로워진다. 체온이 41.5℃ 이상 높아지면 의학적으로 심각한 응급 상황이다. 마찬가지로 체온이 정상치보다 1~2℃ 정도만 떨어져도(잘 때 말고) 저체온증이 발생한다. 그러니 밖을 돌아다닐 때는 주의해야 한다.

눈물

눈물에는 세 종류가 있다. 계속 만들어지는 기본 눈물은 눈을 촉촉하게 유지하고 눈 표면을 보호하는 '기초' 막이 된다. 반사 눈물은 흙이나 연기 같은 외부 물질이 눈에 들어오면 이를 제거하기 위해 나온다. 정신적인 원인으로 생기는 정서적 눈물은 과학계의 수수께끼 중 하나다.

눈물은 종류별로 성분이 다르지만, 공통적으로 3개의 분비샘에서 나오는 기본 성분이 섞여 있다. 코에서 먼 쪽, 눈 가장자리 위에 자리한 눈물샘은 주로 눈물막을 만든다. 짠맛이 나는 전해질과 세균을 죽이는 라이소자임, 그 외 여러 성분으로 이루어진 눈물막은 눈을 보호한다. 눈꺼풀 가장자리를 따라 50여 개가 자리한 마이봄샘에서 만드는 마이봄은 기름기와 단백질 함량이 높은 밀랍 같은 물질로 눈물막의 건조를 막는다. 눈의 술잔 세포에서는 눈물 농도를 높이는 뮤신이 만들어진다. 덕분에 눈물이 눈 전체에 퍼져 층을 형성한다.

흥미로운 사실은 정서적 눈물은 기본 눈물이나 반사 눈물보다 단백질이 주성분인 호르몬 비중이 높다는 것이다. 그 이유는 명확히 밝혀지지 않았다. 우는 행위는 진화적으로도 특별한 이점이 없다고 여겨진다.

콧물과 땀, 침의 양에 비하면 눈물의 양은 깜짝 놀랄 만큼 적다. 보통 하루에 겨우 1mℓ가 만들어져(울지 않는 한) 눈을 깜박일 때 눈 전체로 퍼진다. 우리는 눈을 하루에 1만 6,000번 정도 깜박이고(1분에 약 15~20회) 한 번 깜박이는 시간은 100~400ms(밀리초, 1,000분의 1초)다. 하지만 왜 이렇게 눈을 자주 깜박이는지는 불분명하다. 눈의 습도 유지에 필요한 수준보다 훨씬 더 많이 깜박이는 건 분명하다. 큰 소음이 들리거나 이물질이 들어왔을 때 나타나는 반사적인 깜박임에는 몸에서 가장 빠르게 움직이는 근육인 안륜근이 사용된다. 안륜근은 괄약근의 일종으로, 우리는 이 근육을 사용해 매년 눈꺼풀을 400만~700만 회 움직인다.

눈물 탐구

양파를 썰면 왜 눈물이 날까? 칼로 양파를 자르면, 양파 세포 수천 개가 잘리며 양파의 방어 메커니즘이 가동되어 여러 효소가 나온다. 그로 인해 연쇄 화학 작용이 일어나고 신-프로판티알-에스-옥사이드(syn-propanethial-S-oxide)라는 액체가 발생한다. 공기 중에서 빠르게 증발하는 성질이 있는 이 액체가 눈에 닿으면 이를 제거하기 위해 눈물샘이 활성화되며 수분 함량이 높은 눈물을 다량 만든다. 이 현상을 막는 '치유법'이라 주장하는 방법이 다양하지만 대부분 아무 효과가 없다. 양파를 썰면서 눈물을 흘리지 않을 유일한 방법은 물속에서 써는 것인데, 그러려면 손가락까지 같이 썰릴 위험을 감수해야 한다.

눈곱

어릴 때 어머니는 내게 눈에서 '잠'을 떼어 내라고 자주 말씀하시곤 했다. 나는 그 말을 들을 때마다 이상한 표현이라고 생각했다. 사실 어머니가 떼어 내라고 하는 건 눈에서 나온 점막 분비물로, 여러 면에서 콧물과 비슷하다. 눈꺼풀 내막과 눈 흰자에 있는 분비샘에서 만들어진 미끈거리고 물기가 많은 점액이라는 점, 세균과 맞서 싸우는 효소와 더불어 바이러스 침입을 알아채는 면역 글로불린이 포함되어 있다는 점, 염과 당단백질이 들었다는 점이 그렇다. 물에 녹아 있는 이 성분은 앞서 콧물 설명(25쪽 참고)에서 언급했던 뮤신의 작용으로 미끈거리는 젤 형태다.

눈의 점막 분비물은 멋진 기능을 담당한다. 눈을 촉촉하고 건강하게 유지하며, 감염을 막고, 공기 중에 떠도는 미세한 먼지와 세균 입자가 눈동자까지 도달하지 못하도록 차단한다.

자고 일어나면 즉각 점막 분비물이 만들어지는데, 눈을 깜박일 때마다 눈물과 함께(분비물에 붙들린 모든 지저분한 물질과 함께) 눈에서 씻겨 나간다. 눈물과 점막 분비물은 전부 비루관('비'=코, '루'=눈물)이라는 아주 작은 길을 통해 코로 흘러 들어가고, 비강에서 계속 흐르는 콧물과 합쳐진다. 그러니 콧물 중 일부는 눈에서 온 것이다!

그럼 눈곱은 왜 딱딱하고, 꼭 자고 일어나서만 보일까? 잠을 잘 때는 눈물이 만들어지는 속도가 느려지므로 점막 분비물이 씻겨 나가지 않고 남기 때문이다. 그중 일부가 눈 바깥으로 나오는데, 보통 눈꺼풀 가장자리로 나와 마르면 색이 옅고 딱딱한 덩어리가 된다. 나는 코딱지라면 열심히 파서 먹는 편이지만(당연히 건강을 위해서다), 눈곱은 떼어 낸 다음 손가락으로 튕긴다. 맛을 본 적은 있다. 다 친애하는 독자 여러분이 궁금해할까 봐 대신 시도한 것인데, 아쉽게도 약간 짭짤한 것 외에 다른 맛은 전혀 없었다.

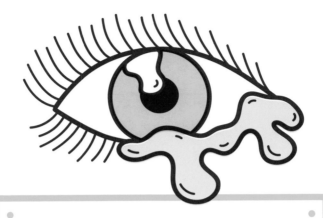

눈곱 탐구

눈곱 자체는 아무 문제가 없지만 (눈꺼풀 끝에 생기는 정도
를 넘어) 속눈썹에도 걸려 있을 만큼 많이 생기거나, 색이
이상하다면 문제가 생겼다는 징후일 수 있다. 색깔 변화는
고름이 섞였다는 신호로, 이는 '점액농성 분비물'이라는 다
른 이름으로 불린다. 눈이 붉어지고 염증과 함께 가려운 증
상이 나타나는 흔한 감염증인 결막염으로 생긴 분비물일 경
우가 많다. 때때로 점액농성 분비물로 인해 아침에 일어났
을 때 눈꺼풀이 달라붙어 눈이 잘 떠지지 않는 기이한 체험
을 할 때도 있다. 대부분 따뜻한 물로 닦아 내면 해결된다.

발가락 사이 때

발에는 전체적으로 땀샘이 많아 양말을 신으면 땀이 배어 나온다. 따뜻하고, 축축하고, 짜고, 어두운 발가락 안쪽은 세균이 자라기에 딱 알맞은 최적의 환경이다. 악취의 주범인 세균과 죽은 피부 세포의 만남으로 고약한 냄새가 진동하는 것으로도 모자라 진균(fungi)까지 있는 행운이 따르면, 발가락 사이를 손톱으로 긁었을 때 꼭 부르생 치즈 같은 물질이 밀려 나온다. 이처럼 발가락 사이에 끼는 때(영어로는 '발가락 치즈', 또는 '발가락 잼'이라고 한다)에는 죽은 피부 세포와 수백만 마리의 세균, 진균과 함께 기름 성분과 땀 잔여물, 양말의 보풀 성분이 섞여 있다.

의학 용어로 '땀악취증(bromodosis)'이라고 하는 발 냄새는 호르몬 변화로 땀이 많이 나는 청소년과 임신 중인 여성에게서 가장 잘 나타난다. 희소식은 발 냄새가 건강에 특별히 나쁜 영향을 주지는 않는다는 사실이다. 단 이때 피부에 상처가 있으면 세균 감염으로 번질 수 있다.

인체 피부에 사는 미생물은 대부분 해롭지 않고 오히려 도움이 되는 경우가 많다. 악취는 미생물의 부산물로 생기는 유기산과 (지독한 냄새로 악명 높은) 황 혼합물인 티올에서 비롯한다. 휘발성 물질마다 다양한 냄새가 생기는데, 치즈와 비슷한 냄새는 주로 이소발레르산(isovaleric acid, 스위스 치즈 성분)이라는 발과 고급 치즈에서 공통으로 발견되는 특정 세균이 원인이다.

세균마다 선호하는 인체 부위가 있다. 발은 코리네박테리움, 미세구균, 포도상구균이 가장 좋아한다(모두 발에서 나는 산성도가 약간 높은 땀을 좋아하는 균들이다). 다양한 효모와 피부사상균이라는 진균도 있다. 발톱에는 약 60종의 진균이 살며 발가락 사이에는 40종, 발꿈치에는 무려 80종의 진균이 있다.

설태

혀에 끼는 설태는 앞니로 세게 밀거나 혓바닥 긁개로 긁으면 떨어져 나온다. 침과 죽은 세포, 우리가 먹고 마신 음식물 찌꺼기에 어둡고 축축한 입속 환경을 좋아하는 세균과 그 세균에서 나온 노폐물이 섞여서 설태가 된다.

사람마다 설태의 특징이 다르지만 해가 되는 경우는 거의 없다. 그러나 설태는 긁어내서 없애는 게 좋고, 특히 입내(입냄새, 234쪽 참고)에 시달린다면 더욱 그렇다는 증거가 충분히 확인됐다. 벨기에에서 실시한 연구에서는 혀를 잘 닦으면 미각이 향상된다고 한다. 또 미국의 연구에서는 혀를 잘 닦으면 충치와 입내를 유발한다고 알려진 세균을 줄일 수 있다는 결과가 나왔다.

2004년 학술지 〈치주과학 저널(Journal of Periodontology)〉

에 실린 한 연구는 양치질보다 혀를 닦는 것이 입내의 흔한
원인인 휘발성 황 화합물 제거에 더 효과적이라는 결론을 내
렸다.

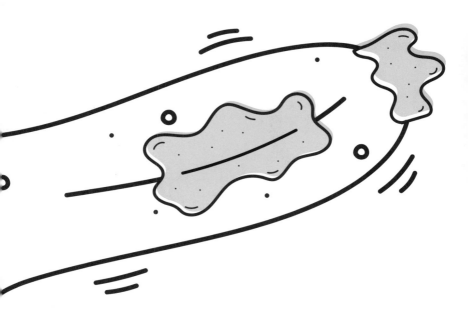

2장

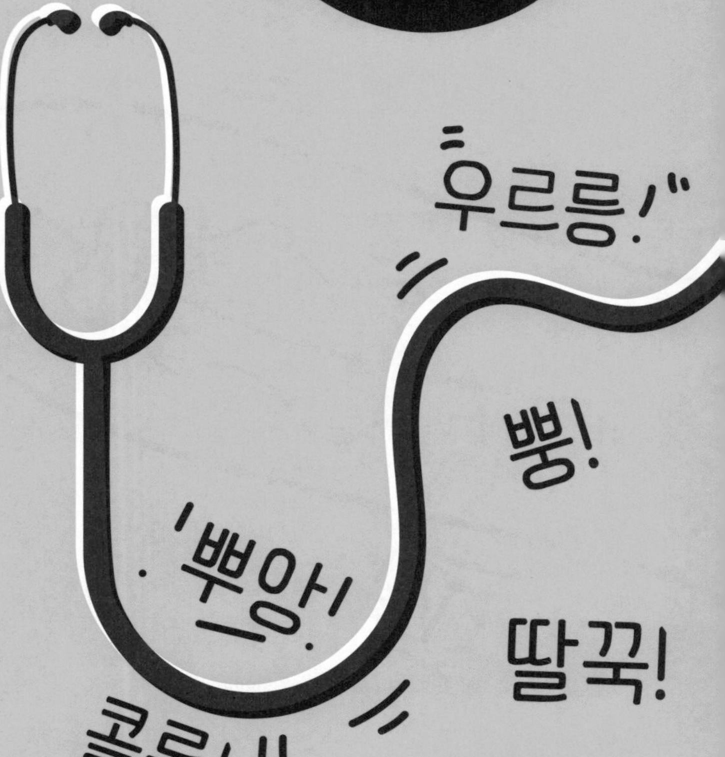

버릇없는 소리

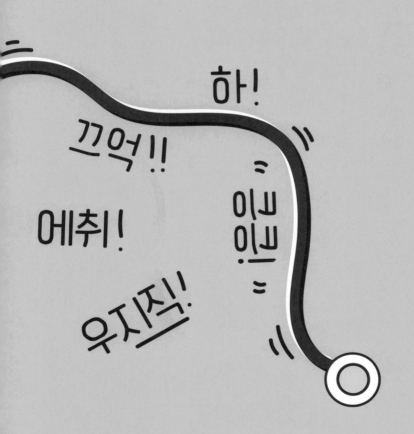

시끌벅적한 몸

청진기로 몸의 소리를 들으면 많은 것을 알 수 있다(청진기는
1816년 르네 라에네크[René Laennec]라는 프랑스인이 발명했다. 최초
버전은 종이를 돌돌 만 아주 간단한 구조였다). 의사는 주로 몸에서
계속 움직이는 장기의 소리에 귀를 기울인다. 폐(멈출 줄 모르
고 계속 숨을 쉰다)와 심장(피를 계속해 뿜어낸다), 소화관(연동운동
으로 음식물을 계속 이동시키고 쥐어짜거나 찍 뿜어내는 다양한 활동을
한다)이 그 대상이다.

트림

위와 식도의 가스가 소량 나오는 트림은 사회적으로 지탄받는 현상이다. 여러 포유동물에게서 나타나며, 특히 소와 양 같은 반추동물은 트림을 통해 메탄을 다량 방출한다. 기네스 세계기록으로 인정된 가장 큰 트림 소리는 2021년 7월 29일에 호주 다윈에서 네빌 샤프(Neville Sharp)라는 사람이 세운 112.4dB(데시벨)이다. 정말 대단해요, 네빌.

일반적으로 트림은 우리가 음식을 먹고 마시면서 함께 삼킨 공기 또는 이산화탄소가 녹아든 탄산음료로 인해 발생한다. 위에 가스가 쌓이면 위쪽으로 떠올라 맨 윗부분의 잠금장치인 위·식도 괄약근에 압박이 가해진다. 마침내 이 마개가 열리면, 목구멍과 위·식도 괄약근이 모두 진동하면서 공기가 한 차례 밖으로 빠져나간다. 방귀(85쪽 참고) 뀌는 것과 똑같다!

소화가 잘 안 될 때 먹는 제산제도 트림을 유발한다. 제산제에는 알칼리 물질인 탄산칼슘이 들었는데 이것이 산성인 위액과 만나면 산-염기 반응이 일어나 이산화탄소 기체가 발생한다. 껌을 씹을 때도 평소보다 공기를 많이 삼키게 되므로 트림이 나올 확률이 높아진다.

트림 탐구

그리 많지는 않지만 트림을 못 하는 사람들이 있다. 그런 사람은 복통과 속이 더부룩한 증상에 시달린다. 아기는 젖을 먹다가 공기를 너무 많이 삼키면 배가 아플 수 있다. 속에 가스가 차면 큰 소리로 울부짖으니 부모가 아기를 트림시키는 기술을 확실하게 터득해야 서로가 행복해진다.

트림과 딸꾹질이 동시에 나올 수도 있는데, 굉장히 고통스럽다. 딸꾹질로 횡격막에 경련이 일어나 폐로 공기가 끌려 들어갈 때 트림으로 공기가 식도를 향해 위로 올라가면 성문과 성대에 갑자기 압력이 높아져 큰 통증을 느끼게 된다. 이런 일은 피하는 게 최선이다.

트림은 방귀와 마찬가지로 지극히 자연스러운 현상인데, 별 이상한 이유로 버릇없다고 여겨진다. 다들 왜 그러는지는 오직 하늘만이 알 것이다. 장에 압력이 쌓이면 불편할 뿐만 아니라 위험할 수도 있는데, 트림은 이 압력을 없애는 방법이므로 인간에게는 꼭 필요한 기능인데도 말이다.

딸꾹질

딸꾹질(hiccup, 의학 용어 singultus)은 진화의 측면에서 어떤 의미가 있을까? 아무도 모른다. 게다가 생리학적으로도 아무 이점이 없기에 딸꾹질을 한다는 건 정말 이상한 일이다. 탄산음료를 마시거나, 음식을 너무 급하게 먹거나 혹은 많이 먹으면 딸꾹질이 나기 쉽다. 심지어 태아도 자궁에서 딸꾹질을 한다. 나는 모르고 매운 음식을 한입 가득 먹으면 꼭 딸꾹질이 나온다.

딸꾹질은 인체의 자율신경 반사 중 하나다. 뇌가 정보를 처리하지 않아도 순차적인 과정을 통해 불수의적(자기 마음대로 되지 않음)으로 일어나는 현상이라는 의미다. 자율신경 반사는 신속성이 특징이다. 우리가 뜨거운 것에 손을 대면 얼른 확 떼어 내는 회피 반사와 같다. 단점은 마음대로 조절하기가 힘들거나 조절이 아예 불가능하다는 것이다. 딸꾹질을 그만하려고 해도 잘 안 되는 것도 그래서다.

딸꾹질의 메커니즘은 단순하다. 어떤 자극이 주어지면 횡격막이 불수의적으로 빠르게 수축하면서 폐가 열리고 공기를 끌어들인다. 그러고 35ms 만에 성대가 닫히고 안으로 유입되던 공기 흐름이 중단되면서 목에서 너무나도 친숙한 '딸꾹' 소리가 나온다. 이때 상체, 특히 어깨와 복부, 목이 움찔거리거나 떨리기도 한다.

딸꾹질의 진화적 이점을 제시한 여러 이론 중에 2012년 학술지 〈바이오에세이(BioEssays)〉에 실린 '트림 반사 가설'이 흥미롭다. 딸꾹질은 젖먹이가 젖을 최대한 많이 먹도록 돕는다는 것이 주 내용으로, 젖을 먹을 때 함께 삼킨 공기가 위에서 상당한 공간을 차지하면 그로 인해 딸꾹질이 촉발되면서 목의 압력이 낮아지고 트림으로 위에 있던 공기가 빠져나간다는 설명이다. 이 이론에서는 성인이 되어도 딸꾹질을 하는 건 영아기의 이 같은 반사작용이 반복되는 것이라고 본다. 그러나 연구진도 인정했듯이 '아직 이 가설을 뒷받침하는 근거는 없다.' 딸꾹질이 올챙이의 호흡 방식과 관련된다는 이론도

딸꾹질 탐구

딸꾹질과 관련해 가장 불운한 신기록은 미국인 찰스 오즈번(Charles Osbourne)이 보유 중이다. 그는 68년 동안, 횟수로는 4억 3,000만 회 딸꾹질을 한 것으로 추정된다. 어느 날 엄청 무거운 돼지를 들어 옮기려다가 처음 시작된 딸꾹질은 1990년 2월, 그가 숨을 거두기 한 달 전에 뚜렷한 이유 없이 멈췄다. 어떻게 이런 일이 있을 수 있을까?

있는데, 그것 역시 가능성은 있어 보인다.

딸꾹질을 멈추게 하는 방법은 요술에 가까운 민간요법부터 한 달 이상 딸꾹질이 멈추지 않는 '난치성 딸꾹질'에 적용되는 꽤 심각한 처치까지 다양하다. 임상 성공 사례도 몇 건이 밝혀진 한 가지 흥미로운 방법은 '손가락 직장 마사지'다. 다시 말해 '손가락으로 항문 휘젓기'다. 이런 방법이 나올 줄 예상한 사람은 아무도 없을 것이다.

재채기

재채기(sneezing 또는 sternutation)는 이물질을 내보내기 위해 코와 입으로 공기를 강하게 배출하는 행위로, 주로 코점막을 물리적으로나 화학적으로 자극하는 물질이 있을 때 반자율적으로 나타나는 반응이다. 눈 깜박임이나 호흡처럼 부분적으로만 의식적인 조절이 가능하다는 말이다. 그 밖에도 찬 공기 흡입, 사과 섭취, 질병, 과식, 성적 흥분, 빛 바라보기*도 재채기를 일으키는 자극이 된다.

재채기가 나올 때는 목 구조가 바뀌면서 코 뒤쪽이 진공이 되고, 그로 인해 액체를 전부 빨아들이는 한편 점액이 일

---

* 1950년대 프랑스의 한 연구자가 검안경으로 눈에 빛을 비추면 재채기를 하는 환자가 있다는 것을 발견하면서 처음 밝혀진 사실이다. 이 현상은 '빛 재채기 반사'로 불렸고 많은 연구가 진행됐지만(위험하지 않은 현상이 이렇게까지 연구된 건 드물다), 빛이 재채기를 유발하는 정확한 이유는 밝혀지지 않았다.

부 방출된다. 이때 점액, 침과 공기에 혼합된 작은 고체, 액체가 섞인 약 4만 방울의 비말이 금세 형성된다.

미생물이나 작은 부스러기가 코털을 지나 코점막에 닿으면 재채기 자극이 발생한다. 이로 인해 히스타민 분비가 촉발되고, 신경세포가 활성화되어 뇌에 재채기 신호가 전달된다. 재채기로 뿜어져 나오는 물질은 최대 8m까지 이동할 수 있기에 병이 쉽게 전파된다.

재채기 탐구

보통 잠을 잘 때는 재채기를 할 수 없다. 잘 때 우리 몸은 안구운동이 빠르게 일어나는 무긴장 상태가 되기 때문이다. 운동 뉴런(근육과 분비샘 조절)이 거의 완전한 마비가 되는 이 신기한 상태에서는 자극이 훨씬 더 강하게 주어져야 신경이 활성화된다.

깨어 있을 때 재채기를 참는 건 별로 좋은 생각이 아니다. 재채기를 참으면 호흡계에 압력이 높아져 체내 조직이 파열될 수 있다. 재채기하면 기분이 좋아지는 이유는 재채기가 나온 다음 몸에서 엔도르핀이 분비되기 때문이기도 하고, 몸의 압력이 해소되기 때문이기도 하다.

방귀

우리 몸은 하루에 주로 장에 서식하는 39~100조 마리의 미생물이 1.5ℓ가량의 가스를 만들고, 이를 10~15회의 방귀로 내보낸다. '난 그렇게 방귀를 많이 안 뀌는데' 하고 생각한다면 이중 상당 부분을 잠잘 때, 또는 화장실에서 볼일을 볼 때 내보낸다는 사실을 기억하자.

방귀를 부끄럽게 생각하는 사람이 많고, 심지어 나도 방귀가 나올 것 같으면 얼른 사람들이 없는 곳으로 피한다. 방귀가 소화작용에 꼭 필요한 부분이라는 점을 떠올리면, 사실 우리가 이렇게까지 방귀를 민망하게 여기는 건 이상한 일이다.

방귀를 뀌지 않는다면 우리는 다 폭발해 버렸을 거다. 엄밀히 따지면, 방귀가 배출되지 않으면 소화계에서 생긴 가스가 강제로 다른 엉뚱한 방향으로 이동하는 등 몇 가지 불쾌한 일이 벌어지고 그로 인해 참기 힘든 통증이 발생한 다음, 입으로 방귀를 뀌게 된다. 그런 상황을 원하는 사람은 아무도 없으리라.

이 모든 걸 감안할 때 그냥 방귀를 소중하게 생각하는 게 최선이다. 나로 말하자면 방귀를 정말 너무 사랑해 《방귀학 개론: 세상 진지한 방귀 교과서》라는 책을 썼다. 방귀의 놀라운 화학적인 특징과 방귀에 숨겨진 물리학, 생물학적인 사실을 다룬 책이다.

방귀의 25%는 호흡하면서 삼킨 공기와 몸에서 나온 가스(소화계에서 퍼져 나온 기체)가 혼합되어 있고 나머지 75%는 장에서 만들어진다. 장의 가스는 이산화탄소와 수소, 질소가 섞여 있고 가끔 메탄도 포함된다. 여기에 독특한 냄새를 가진 휘발성 냄새 성분이 극소량 섞인다.

일반적으로 섬유질이 많은 음식(주로 과일과 채소)이 결장에서 세균에 분해되는 과정에 따라 방귀 양이 좌우되고, 소장의 효소가 분해하는 단백질(달걀, 고기, 생선, 콩, 견과류)이 냄새를 결정한다.

모든 사람의 방귀 성분이 같지는 않으며 여성의 방귀가 더 강력한 경우가 많다. 가스 양은 남성이 더 많지만 1998년 학술지 〈장(Gut)〉에 발표된 한 연구에 따르면 냄새는 여성의 방귀가 더 지독한 경향이 있다. 그 이유는 여성의 체내 미생물군(204쪽 참고)에 음식물을 분해해 달걀 냄새와 비슷한 황화수소를 만드는 미생물이 포함되어 있을 가능성이 크기 때문이다. 또 메탄을 만드는 메타노박테리아의 비중도 남성은 40%에 그치지만 여성은 약 60%에 이르는 경우가 많다. 그래서 여성의 방귀가 불이 더 잘 붙는다.

유난히 냄새가 지독한 방귀에는 휘발성 냄새 성분에 가정용 가스 공급업체들이 가스 누출 시 바로 알아차리도록 일부러 섞는 메탄티올이라는 강력한 티올 성분이 포함되어 있다. 메탄은 섬뜩할 정도로 아무 냄새도 나지 않아 가스가 새더라도 알아채기가 힘들다. 썩은 냄새가 나는 메탄티올을 첨가하면 아주 조금만 새도 금방 알아챌 수 있다. 가스가 정상적으로 연소되면 메탄티올은 파괴되므로 아무 냄새도 나지 않는다. 어쨌거나 나는 가스 업체가 이렇게 각 가정에 방귀를 공급한다는 사실이 굉장히 마음에 든다.

왜 방귀는 다른 가스보다 뜨거울까?

그 이유는 대사 과정에 있다. 세포의 유기물에서 일어나는 일련의 화학 변화를 대사라고 하며, 이 과정을 통해 연료는 인체가 사용하거나 새로운 인체 구성 요소를 만드는 물질로 변한다. 이때 포도당이 이화(분해)되어 피루브산염이 되고, 이 물질이 계속 분해되며 다량의 열이 발생한다. 그래서 방귀가 뜨겁게 느껴지는 것이다.

방귀 탐구

방귀 냄새의 원인 가스는 주로 다음과 같다.

1. 황화수소	썩은 달걀 냄새
2. 메탄티올	썩은 양배추 냄새
3. 트리메틸아민	생선 비린내
4. 티오부티르산메틸	치즈 냄새
5. 스카톨	고양이똥 냄새
6. 인돌	꽃향기/개똥 냄새
7. 디메틸설파이드	양배추 냄새
8. 티올	달걀 냄새

음식물 대사가 활발해질 조건이 충족될수록 뜨겁고 냄새도 고약한 방귀가 나온다. 즉 장내 세균이 이용할 연료가 많을 때(그러니까 식이섬유를 많이 섭취했을 때), 또 오랜 기간 섬유질을 충분히 섭취하거나 프로바이오틱스를 많이 먹어 장 활동 균이 아주 많을 때, 장내 온도와 산성도가 딱 좋은 경우처럼 장 환경이 장내 세균 기능에 최적 조건을 갖추었을 때 그럴 가능성이 크다. 방귀 양과 냄새가 모두 극도로 증가할 수 있으니 자리를 잘 잡고 마음껏 즐겨라.

방귀의 음향학적 특징

소리는 진동이 만드는 연속 압력파로 생긴다. 인간은 이 압력파의 발생 빈도가 초당 20(20Hz)~2만 회(20KHz) 사이일 때만 들을 수 있고, 진동수에 따라 소리 높이가 다르다. 그러므로 방귀 소리가 들린다는 건 진동수가 그 범위에 들어간다는 의미다. 방귀 소리를 만드는 곳은 항문, 더 구체적으로는 직장의 바깥쪽 구멍이다. 내괄약근과 외괄약근으로 불리는 두 쌍의 원형 근육이 항문을 세밀하게 조절한다.

직장(가스와 똥의 저장 탱크)에 방귀로 나올 가스가 쌓여 압력이 증가하면, 아주 작고 영리한 기계수용체가 뇌에 방귀나 대변을 배출해야 한다는 신호를 보내고(놀랍게도 이 수용체는 그 둘을 구분한다) 우리는 방귀를 뀌거나 대변이 보고 싶다고 느낀다. 마침내 외괄약근의 긴장을 풀기로 결심하면(내괄약근은 마음대로 조절할 수 없다), 압력을 받던 가스가 항문의 작은 구멍을 밀어 열어젖힌다.

방귀가 배출될 때, 항문에 진동이 생겨 야유를 보낼 때 입으로 내는 소리와 비슷한 소리가 나는 이유는 뭘까? 모두 다 압력과 마찰 때문이다. 괄약근은 방귀가 빠져나갈 정도로만 살짝 벌어지고, 가스가 나가자마자 괄약근의 틈은 곧바로 닫힌다. 가스가 빠져나가는 속도가 빠를수록 압력이 더욱 낮아지고, 방귀 기체가 괄약근 가장자리를 원을 그리며 나가며, 구멍이 열린 직후 직장 압력이 아주 살짝 떨어진다는 점이 모두 방귀 소리에 영향을 준다.

이렇게 구멍이 잠깐 닫히면 즉시 다시 압력이 약간 올라가면서 구멍이 재차 열리고, 압력이 떨어지고, 다시 닫힌다. 직장 압력이 완전히 떨어질 때까지 이 과정이 반복되며 열리고 닫히는 현상이 초당 20회 이상 일어나면 바로 우리 귀에 들리는 범위 내로 압력파가 생겨 방귀 소리를 듣는 것이다.

방귀가 빠져나갈 때 괄약근을 조이거나 풀어 방귀 소리를 바꿀 수도 있다. 세게 조일수록 직장 내 가스 압력이 높아지고 괄약근의 긴장도 역시 높아지면서 구멍은 더 작아진다. 그 결과 진동 속도가 빨라지므로 방귀 소리의 음이 더 높아진다.

<u>실험 2</u>

병에 방귀 가두기

방귀를 자세히 관찰하고 싶거나 그냥 재미로 따로 담아 보고 싶다면 아주 쉬운 방법이 있다. 먼저 욕조에 물을 채운다. 방귀 냄새와 다른 냄새가 섞이면 안 되므로 목욕 소금이나 거품 비누는 넣지 말자. 물을 채웠으면 방귀를 담을 병 하나를 들고 욕조에 들어가 몸을 담근다. 병을 물에 완전히 집어넣어 속에 가득 물을 채운 다음, 세워서 입구를 항문에 댄다. 그 상태로 방귀를 뀐다. 방귀 부피와 같은 부피만큼 병에서 물이 흘러나올 것이다. 부력에 관한 물리 법칙을 알려 준 아르키메데스(Archimedes)께 모든 영광을 돌린다. 이제 병뚜껑을 닫는다. 병을 들어 뒤집으면, 병 속에 남은 물 위에 둥둥 떠 있는 방귀를 볼 수 있다.

주의사항: 그 상태로 오래 두면 방귀의 휘발성 냄새 성분이 이름 그대로 휘발된다. 즉 금세 산화되거나 다른 기체, 물과 반응이 일어나 방귀만의 특별한 힘이 사라진다.

기침

기침은 기도에서 가래와 자극 물질, 이물질을 제거하는 인체의 영리한 유체역학적인 현상이다. 기침의 발생 과정은 명확하다. 먼저 폐로 공기를 깊이 들이마신 후 성문(성대 사이 틈)이 닫힌다. 그런 다음 횡격막이 이완되고 복부가 수축하면서 폐의 공기 압력이 점점 높아져 성대에 압박이 가해진다. 그 힘으로 성문이 다시 열리고, 공기가 원치 않는 물질과 함께 목 바깥으로 거세게 빠져나간다(미리 대기하던 휴지로 향하도록 하는 게 좋으리라).

기침은 나쁜 걸까? 기침할 때 공기는 상당히 격렬하게 움직이고 목의 조직은 워낙 약해 기침 몇 번이면 염증과 통증이 생긴다. 또 기침하면서 발생하는 가래와 침으로 된 비말에 미생물이 섞여 함께 공기 중으로 흩어져 놀랍도록 먼 거리까지 이동하므로 다른 사람에게 바이러스와 세균을 퍼뜨릴 수 있다. 기침은 기도를 깨끗이 비우는 유용한 기능이지만 독감이나 기관지염, 코로나19 감염증, 결핵 등 호흡기 감염의 증상으로 발생하기도 한다.

제대로 밝혀지지 않은 또 다른 기침 종류로 심인성 기침, 습관성 기침, 체성 기침 증후군이 있다. 이는 의학적인 원인 없이 습관적으로 기침을 하는 사람으로, 그 정확한 이유는 알려지지 않았다. 스트레스가 신체 증상으로 바뀌는 것을 신체화(체성)라고 하는데 이 신체화의 원인과 진단 방법은 아직 체계화되지 않았다.

기침 탐구

시중에 많은 기침 치료약이 있지만 그 효과는 굉장히 낮다. 미국과 캐나다에서는 6세 미만 아동에게는 기침약 사용을 권장하지 않는다. 민간 의학 연구단체 코크란(Cochrane)에서는 2014년 관련 자료를 검토하고 다음과 같은 결론을 내렸다.

"급성 기침용 일반의약품이 효과가 있다거나 반대로 효과가 없다는 확실한 증거는 없다."

영국의 국민보건서비스(NHS)는 기침 시럽이나 기침약, 사탕 형태 약으로 "기침을 멎게 할 수 없다"고 분명히 밝혔다. 또 "소염제와 기침약에 함유된 코데인 성분으로도 마찬가지"라고 했다. 그런데도 매년 영국에서만 일반의약품으로 분류된 기침약과 감기약이 5억 파운드(약 8,228억 원) 이상 판매된다. 누구나 가까운 사람이 기침을 하면 기꺼이 좋은 방법에 돈을 쓸 의향이 있겠지만, 아동의 경우 90%는 특별히 치료하지 않아도 기침을 시작하고 25일 이내 자연히 사라진다는 사실을 기억하자. 그냥 알려 주는 거다.

웃음

웃음을 전문적으로 연구하는 '웃음학'이라는 학문이 있다. 웃음은 사용 언어, 나이와 상관없이 세계인이 공통으로 활용하는 몇 안 되는 의사소통 방법이다. 사람은 생후 15~17주가 되면 웃기 시작하고, 태어날 때부터 귀가 들리지 않고 눈이 보이지 않는 아이도 웃을 수 있다. 침팬지, 고릴라, 오랑우탄 같은 동물도 간지럽히거나 장난으로 싸우거나 서로 쫓고 쫓기는 신체 자극이 주어지면 웃는 반응을 보인다. 이런 신체 자극 없이 정서 자극으로도 웃는 동물은 인간이 유일하다.

래트(일반 쥐보다 큰 시궁쥐, 집쥐)는 간지럽히고 장난치면 초음파 영역에 해당하는 웃음소리를 내고(짝짓기할 때도 이 웃음을 활용한다), 개는 장난으로 혀를 내밀고 헐떡이는 반응을 보일 줄 안다. 돌고래는 재미로 싸울 때 펄스(큰 진폭을 가진 파동)

와 휘파람 같은 소리가 조합된 소리를 낸다. 하이에나의 웃음은 어느 쪽인지 알 수 없다. 두려움의 표현이기도 하고 흥분하거나 실망했다는 표현이기도 하기 때문이다.

인간도 즐거울 때, 민망할 때, 안도감이 들 때, 재미있는 이야기나 새로운 개념을 알게 됐을 때 웃는다. 알코올이나 아산화질소(마취제로 쓰이며 웃음 가스로도 잘 알려져 있다 - 옮긴이) 같은 물질도 웃음을 유발한다. 심지어 분노나 절망, 슬픔을 이겨 내기 위해 웃기도 한다. 하지만 가장 중요한 건 사회적인 유대를 형성하기 위한 웃음일 것이다. 사람은 혼자 있을 때보다 함께 있을 때 웃을 확률이 30배 더 높다는 사실이 연구로 밝혀졌다. 예의를 지켜야 하는 상황에서 상대에게 동의하거나 인정한다는 뜻으로, 또는 단순히 상대의 말을 잘 들었고 이해했다는 뜻으로 가짜 웃음을 짓기도 한다.

웃음 탐구

웃음은 우리 몸에 큰 영향을 미친다. 호흡과 심장 박동수, 맥박처럼 생명 유지에 필수적인 기능까지 장악하고 횡격막과 성대에 리드미컬한 경련을 일으킨다. 심지어 숨도 제대로 쉬지 못하게 만든다. 외계인이 우리가 웃는 모습을 본다면 분명 몸에 무슨 이상이 있는 건 아닌지 진지하게 걱정할 것이다.

드물지만 웃다가 정말로 숨이 넘어간 사례도 있다. 1975년 영국 킹스린의 알렉스 미첼(Alex Mitchell)은 텔레비전 코미디 쇼 〈더 구디스(The Goodies)〉의 '쿵후 케이퍼스(Kung Fu Kapers)' 에피소드를 보다가 25분 간 쉬지 않고 웃어 심부전으로 목숨을 잃었다. 그의 아내는 나중에 〈더 구디스〉 제작진에게 편지를 보내 남편의 마지막 순간을 즐겁게 해줘서 고맙다는 인사를 전했다.

웃음은 울음(261쪽 참고)과 마찬가지로 의미나 신경학적인 메커니즘이 명확히 밝혀지지 않았다. 확실한 건 웃으면 엔도르핀이 나와 통증이 줄고 기분이 좋아지며 에피네프린, 코르티솔 같은 스트레스 호르몬의 영향이 준다는 것이다.

손가락 관절 꺾기

나는 뼈 마찰음, 그러니까 관절에서 나는 그 우두둑 소리를 자주 듣는다. 딸 포피가 그 분야에 일가견이 있기 때문이다. 이 우두둑 소리는 관절에서 기체가 아주 작은 방울로 형성된 후 터지면서 난다.

잘 꺾이는 대표 관절은 가운뎃손가락이 손바닥과 연결되는 관절(손가락 맨 아래 세 번째 뼈와 손바닥이 연결되는 중수지 관절)이다. 이 관절의 안쪽에는 원활히 움직이도록 하는 윤활액이 있는데 우리가 손을 오므리고 펼 때 이 윤활액의 압력이 변한다. 작은 공기 방울은 압력이 떨어질 때 생길 수 있다. 탄산음료 뚜껑을 열 때 나타나는 현상과 같다. 뚜껑을 열기 전에는 병에 든 액체의 압력이 유지되고 이산화탄소 기체는 그 액체에 얌전히 녹아 있지만 뚜껑을 열면 병 내부의 압력이 떨어지면서 기체 방울이 생긴다.

손가락 관절의 윤활액에서도 그런 작은 방울이 떠오를 수 있다. 그다음이 재미있다. 관절을 뒤로 젖히면 윤활액에 압력이 증가하고 기체 방울이 압력을 받아 터지면서 다시 액체 속으로 응축되는데, 이 과정은 부드럽게 천천히 일어나지 않는다. 공기 방울 중 일부는 아주 빠른 속도로 터지면서 상당량의 에너지를 방출하고 이때 충격파가 발생한다. 우리 귀에 들리는 우두둑 소리는 바로 이 충격파다.

뼈 마찰음이 잘 안 나는 사람은 뼈 사이 공간이 다른 사람보다 넓어 윤활액도 더 많을 수 있다. 윤활액이 많으면 기체 방울이 형성됐다가 터질 만큼 압력이 바뀌기가 힘들다.

실험 3

캔 속의 충격파

손가락 마디에 응축된 미량의 기체가 어떻게 충격파를 만들어 낼까?
아주 훌륭하고 간단한 실험으로 그 뒤에 감춰진 물리 원리를 확인할
수 있다.◆

빈 알루미늄 음료수 캔 하나와 찬물이 가득 담긴 큰 그릇을 준비하자.
내열성 집게와 가스레인지(또는 휴대용 버너)도 필요하다. 캔을 대충
헹구고 안에 들어간 물을 다 털어 제거하되 몇 방울은 남긴다. 찬물이
담긴 그릇은 가스레인지 근처 바닥이 단단한 곳에 둔다. 다 됐으면 가
스레인지를 켠다. 캔을 뒤집어 집게로 단단히 잡는다. 캔 입구가 아래
로 가도록 집게로 들고 불 위로 가져가 10초 정도 가열하다가 캔 안
쪽에서 증기가 가늘게 흘러나오기 시작하면 캔을 천천히, 조심스럽게
물이 담긴 그릇에 넣는다(캔 입구가 아래쪽을 향하도록 그대로). 그
러면 캔 안쪽의 증기가 급속히 응결되면서 '쩍' 하는 날카로운 소리와
함께 캔이 찌그러진다.

이제 기체가 액체로 바뀌는 상변화가 일어날 때 얼마나 큰 소리가 나
는지 알 수 있을 것이다. 깜짝 놀랄 만큼 큰 소리를 들으면 손가락 관
절에서 어떻게 그런 소리가 나는지도 단번에 이해가 된다.

◆ (성인은 물론 어린이도 이 책을 흥미롭게 여길 테니 말인데) 혹시 (좀 과
하게 자신만만한) 어린이가 이 실험을 읽고 직접 시도한다면, 화상을 입
을 위험이 있으니 반드시 어른에게 도와 달라고 부탁해야 한다고 당부하
고 싶다.

꾸르륵 소리

장은 기본적으로 끊기는 곳 없이 무려 4m가량이나 이어지는*
길고 멋진 관이다. 입으로 들어온 음식물은 장에서 마구 섞이
고 주로 연동운동을 통해 괄약근까지 밀려 내려간다. 치약을
쭉 짜내듯이 음식을 밀어내는 연속적인 근육 수축운동을 연
동운동이라고 한다.

　뱃속의 꾸르륵 소리('복명'이라고도 한다)는 음식이 움직일
때가 아니라 음식과 기체가 반응할 때 난다. 연동운동은 음식
이 섞인 혼합물을 쥐어짜듯 위와 소장의 다음 부분으로 민다.
이때 입으로 삼킨 공기와 대사 과정에서 발생한 가스가 섞인

＊　소화관의 전체 길이는 2.7~5m 사이로 측정치마다 큰 차이를 보인다. 살아 있는
　사람의 장은 거의 쉬지 않고 수축하므로 의학 연구에 활용되는 죽은 사람의 장
　보다 변화가 심하다는 사실도 차이가 생기는 이유다.

기체가 이 혼합물과 만나 반응한다. 소장에서는 탄산수소나트륨이 위에서 넘어온 산을 중화하면서 주로 이산화탄소가 생기고, 대장에서는 세균이 섬유질이 많은 음식을 분해할 때 부산물로 여러 종류의 가스가 발생한다.

꼴록꼴록, 철벅거리는 소리가 걱정될 수도 있지만 지극히 정상적인 현상이다. 배에서 나는 소리가 평소와 다르거나 아예 아무 소리도 나지 않는다면 그때야말로 관심을 기울여야 한다. 의사를 찾아가면 청진기로 소리를 들으려고 할 텐데, 아마 소리가 안 난다고 하면 더 관심을 보일 것이다.

소리가 안 나는 건 장 폐색의 징후이거나 연동운동이 제대로 이루어지지 않는다는 신호일 수 있고, 둘 다 아주 심각한 문제이기 때문이다. 속에서 나는 꾸르륵 소리가 너무 거슬려서 조용해지도록 만들고 싶다면, 음식을 천천히 먹어서 삼키는 공기의 양을 줄이자. 탄산음료와 껌을 멀리하는 것도 도움이 된다.

코골이

코골이는 성인 남성의 57%, 성인 여성의 40%에서 나타나는 상당히 보편적인 현상이다. 햄스터를 포함해 우리 집에 사는 포유동물은 전부 코를 곤다. 가장 큰 소리로 코를 곤 세계기록은 코레 윌커트(Kåre Walkert)가 보유 중이다. 1993년 5월 24일 스웨덴 외레브로 지역병원에서 그의 코 고는 소리가 최대 93dB로 측정됐다.

코골이는 목젖*과 입 뒤쪽 위의 연구개가 이완되며 목도 함께 풀어질 때 일어나는 흥미로운 현상이다. 목 조직이 느슨해지면 기도를 막아 바람에 깃발이 휘날리듯 조직이 펄럭이면서 진동이 발생한다. 기도가 많이 막힐수록 코 고는 소리도

---

*   전문 용어로 구개수라고 하는 입 안쪽에 매달린 희한한 모양의 목젖은 주로 비인두를 닫아 음식물이 비강으로 들어가지 못하게 한다.

커진다.

이처럼 입의 해부학적 구조로 인해 자연적으로 코를 고는 것 외에도 알레르기나 체중 증가, 음주, 코 막힘, 진정제, 잠자는 자세의 문제(특히 등을 바닥에 대고 반듯이 누운 자세)도 코골이의 원인이 된다. 수면 부족도 코골이의 원인이자 증상이다. 코골이로 공격적인 행동이나 좌절 같은 행동 문제와 집중력 약화, 고혈압 위험 증가, 뇌졸중, 심장 질환 등도 발생한다.

폐쇄성수면무호흡증도 코골이와 관련된 경우가 많지만, 이 병은 훨씬 심각한 문제다. 수면무호흡증 환자는 자는 도중에 호흡이 반복적으로 끊기는 증상이 나타나는데, 숨이 막히거나 숨을 제대로 쉴 수 없어 훨씬 더 급박한 소리를 낸다. 그로 인해 고혈압부터 비정상적인 대사, 비만, 우울증에 이르는 광범위한 문제가 따른다. 그러니 코를 너무 심하게 곤다면 병원에 가서 의사와 상담하는 것이 좋다.

한숨

한숨은 부모가 자녀에게 느끼는 가벼운 실망감부터 대인관계로 생긴 깊은 우울감에 이르기까지 광범위한 부정적 감정을 표현하는 다용도 수단이다. 온종일 계속 한숨을 쉬면서도 정작 자신이 그런 줄도 모르는 사람이 있고, 특이하게도 긍정적인 반응을 한숨으로 나타내는 사람도 있다. 모두 자동으로 나오는 '기본 한숨'으로 약 5분마다 한 번씩 쉰다. 사람 외에 다른 여러 포유동물에서도 관찰된다.

미국 캘리포니아 대학교 로스앤젤레스 캠퍼스(UCLA)와 스탠퍼드 대학교에서 진행한 흥미로운 연구에서, 한숨은 폐 기능 보존에 도움이 되는 중요한 반사 행동이라는 사실이 밝혀졌다. 폐에는 풍선처럼 생긴 아주 작은 폐포가 약 5억 개 존재한다. 이 폐포가 온종일 열리고 닫히면서 공기를 받아들이고 혈액의 이산화탄소와 공기 중 산소의 교환이 일어난다. 그러다 가끔 폐포 중 일부가 찌그러지면 평소보다 숨을 두 배 더 많이 쉬고, 이어 한숨을 깊이 쉬면 찌그러진 폐포에 다시 부풀어 오를 수 있는 압력이 가해진다. 찌그러진 페트병 입구에 입을 대고 공기를 불어 넣으면 펴지는 것과 비슷하다. 별 것 아닌 문제처럼 보일 수도 있지만 쥐에 유전 공학 기술을 적용해 한숨을 쉬지 못하게 만들자 폐에 심각한 문제가 생겨 결국 목숨을 잃었다고 한다.

의학적으로 한숨은 '숨을 깊이 내쉰 후 호흡이 잠시 중단되는 현상'이다. 이때 호흡이 중단되는 것을 '한숨후무호흡'이라고도 한다. 한숨은 운동이나 말하기, 자고 일어난 후 호흡의 변동성을 안정시키고 재설정하는 기능도 수행한다. 한숨을 너무 많이 쉬면 공황발작으로 이어질 수 있고, 너무 적게 쉬는 것은 영아돌연사증후군과 관련이 있다.

한숨은 불안이나 부정적인 감정을 느낄 때나 피곤할 때 스트레스 반응으로도 나타난다. UCLA와 스탠퍼드 합동 연구진의 잭 펠드먼(Jack Feldman) 교수는 그 이유가 아직 완전히 밝혀지지 않았다고 설명했다.

"감정 상태와 한숨은 분명 관련이 있습니다. 예를 들어 스트레스를 받으면 한숨을 더 많이 쉽니다. 뇌에서 감정 처리 영역의 뉴런이 활성화되어 한숨을 쉬게 만드는 신경 펩타이드가 분비될 가능성이 있지만 아직은 명확하지 않습니다."

3장

불쾌한 피부

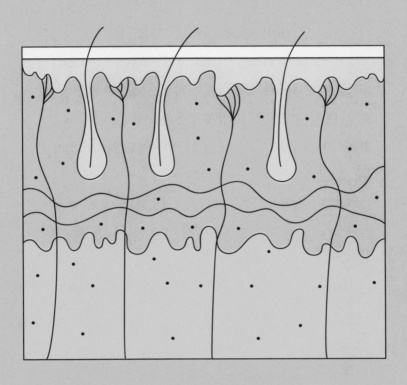

피부 과학

피부는 인체에서 가장 큰 장기로 표면적이 약 1.8m²에 이른다는 이야기를 들어 보았을 것이다. 하지만 실제로는 소장의 표면적이 그보다 최소 15배는 넓고, 사이질(간질)*은 훨씬 더 넓다는 의견도 있다. 무게로 보면 피부는 6kg이 넘어 3.5kg으로 2위를 차지한 장을 가볍게 누른 압도적인 1위다. 하지만 허튼소리는 이제 그만하자. 별로 중요하지도 않을뿐더러, 피부는 정말로 굉장한 장기이기 때문이다.

피부는 여러 겹으로 구성되고(무엇을 한 겹으로 보느냐에 따라 최대 7겹) 크게 털이 있는 피부와 털이 없는 매끈한 피부로

---

* 사이질(간질)은 체액이 채워진 유연한 연결 조직으로 몸 전체 곳곳에 있다. 림프 액의 주 원천이기도 하다. 인체 장기가 일하면서 휘어지거나 불쑥 튀어나오는 것을 완충하는 역할을 한다는 점에서 자동차의 서스펜션 장치와 조금은 비슷하다.

나뉜다. 인간은 영장류 중에 털이 가장 적은 동물인데도 우리 피부 중 상당 부분은 털이 있는 피부에 해당한다. 털 없이 매끈한 곳은 입술, 손가락, 손바닥, 젖꼭지, 발바닥, 생식기 일부(남성과 여성 모두) 정도가 전부다.

피부 두께는 0.3mm인 팔꿈치부터 4mm인 발바닥까지 다양하다. 표피 깊숙이에서 피부 세포의 분열이 주기적으로 계속되므로 피부는 쉼 없이 재생된다. 피부 세포는 분열하면서 수가 계속 늘어나고 몸의 표면 쪽으로 천천히 밀려와 오래된 세포를 대체한다. 밀려난 세포는 딱딱한 케라틴으로 채워진 후 결국 자멸하고(비듬이나 각질), 최종적으로 우리가 문질러서 떨어지거나 알아서 떨어져 나간다.

여러분은 거울에서 자기 모습을 보는 것 같겠지만 사실 우리가 보는 건 죽은 인간이다. 피부의 가장 바깥층(각질층)은 전부 죽은 세포로 이루어지기 때문이다. 피부 1cm²마다 매시간 500~3,000개의 세포가 떨어져 나온다. 60분마다 죽은 피부 세포가 60만~100만 개 이상 사라진다는 소리다. 표피 전체는 30일 주기로 교체되며, 이 과정을 통해 매년 몸에서 생겨나는 부스러기의 무게는 약 500g이다.

피부는 많은 기능을 담당한다. 체내의 각종 장치가 일상적으로 거칠게 부딪히고 긁히는 일이 없도록 보호하고, 떼 지어 몰려드는 미생물의 공격을 막는 기능과 더불어, 우리와 바깥세상 사이에 형성된 다공성, 내수성(방수성이 아니다) 경계이자 환경과의 접점이 된다.

피부도 달걀 껍데기처럼 반투과성이며 다양한 분비샘으로 땀과 같은 액체를 흘려 내보내고 산소는 흡수해 체내로 들인다. 지름이 40nm(나노미터, 10억분의 1m 단위 – 옮긴이)보다 작은 입자는 피부를 통과해 몸속으로 들어올 수 있다. 피부 바깥층에는 산소가 포함된 혈액이 흐르는 모세혈관이 없으므로 이렇게 대기에서 산소를 공급받는 건 선택이 아닌 필수다.

피부 탐구

인체의 죽은 피부 세포는 집에서 생기는 먼지의 20~50%까지 차지한다.

문신용 잉크 중에는 자성 성분이 포함된 것이 있다. 그래서 자기공명영상(MRI)을 찍을 때(굉장히 강력하고 큰 자석 안에 누워 있어야 한다) 드문 일이기는 하지만 문신이 따갑게 느껴지거나 심지어 그 부분이 뜨거워질 수 있다.

피부에는 1cm²당 거의 10억 마리에 가까운 세균이 산다. 1.8m² 단위로 보면 평균 1조 6,000억 마리에 이른다.

피부가 가장 많이 늘어난 기네스 세계기록은 영국인 개리 터너(Garry Turner)라는 사람이 세웠다. 그의 복부 피부는 약 15.9cm까지 늘어나고, 목 피부를 위로 잡아당기면 머리망을 씌운 것처럼 입과 코가 다 덮인다. 놀라운 사실은 이렇게 잘 늘어나는데도 개리의 피부에는 주름이 없다는 것이다. 사실 그는 엘러스단로스증후군이라는 희귀 유전병을 가졌다. 50만 명당 한 명 꼴로 발생하는 이 병은 콜라겐 섬유에 영향을 주어 피부와 혈관, 관절이 극도로 약해질 수 있기에 피부가 '비정상적으로' 얇고 잘 늘어난다. 개리도 대다수 다른 사람보다 피부가 쉽게 베이고 긁히며 극심한 관절통을 겪는다.

여드름

아, 여드름이야말로 청춘사업을 방해하는 최고의 적이 아닐까 싶다. 10대 시절, 여드름으로 인해 얼마나 많은 기회를 날려 버렸던가?

여드름은 크게 세 가지로 나뉜다. 깔끔하게 뿌리내리는 블랙헤드, 고름이 무섭게 차오르는 화이트헤드, 짜증을 유발하는 불그스름한 혹 여드름이다. 이 붉은 혹은 '여드름의 신'이 내게 미소를 지어 주는지, 확 찡그리는지에 따라 블랙헤드가 되거나 화이트헤드가 된다. 여드름 때문에 병원을 다녀 본 사람은 이게 간단히 해결되는 문제가 아님을 잘 알 것이다. 자주 유익하지만 세상에서 가장 쓸모없는 조언도 듣는다.

"짜면 안 됩니다."

그걸 누가 모르겠는가. 하지만 다들 여드름이 보이면 일단 짜고 본다. 세상사가 다 그런 것 아니겠는가.

여드름은 꽤 긴 시간 우리를 괴롭히는 흔한 피부 질환으로, 주로 청소년기(특히 10대 남자)에 발생한다. 하지만 어른이 된 후 문득 인생 최고의 시절은 다 지나갔다는 생각에 우울해질 때 불쑥 나타나기도 한다. 여드름은 전체 인구의 80%가 생애 어느 시점에서든 겪을 정도로 굉장히 흔하다.

그런데 여드름은 만성 염증이 동반되는 것을 가리킨다. 마침내 운명의 짝을 찾아냈다는 기대감에 부풀어 데이트에 나설 때마다 정말 기가 막힌 타이밍에 올라오는, 속에 액체가 가득한 쌀알만 한 혹은 사실 여드름이 아니다.

블랙헤드

정식 이름은 개방면포(개방여드름집)다. 발생 기전은 간단하다. 모낭에서는 털이 풍성하고 반지르르하게 유지되도록 기름기가 많은 피지가 계속 흘러나온다. 동시에 모낭의 내벽도 계속 떨어져 나온다. 내벽 잔해와 피지는 대부분 피부 표면으로 나와 몸이 움직일 때마다 떨어지는데, 가끔 못 나오는 일이 생긴다.

피지가 모낭에 쌓이고 피부 세포 잔해에 든 멜라닌이 산화되어 까맣게 변한 채 모공을 막으면 블랙헤드가 된다. 이 막힌 부분 위로는 살아 있는 피부 세포층이 덮이지 않아 '개방'이라는 말이 붙는다. 갇혀 버린 죽은 세포는 세균에 감염될 수 있는데, 주로 황색포도상구균과 여드름균의 공격을 받는다. 그나마 블랙헤드의 장점은 보통 짜면 해결된다는 것이다(물론 짜면 안 되지만).

화이트헤드

'밀크 호텔(milk hotel)', '핌플슈틸츠킨(pimplestiltskin, 그림 형제의 동화에 등장하는 고약한 난쟁이의 이름이 룸펠슈틸츠헨[Rumpelstilzchen]인데, 이를 영어로 하면 Rumplestiltskin이다. 끝이 피부를 뜻하는 skin이란 점에 착안해 앞부분을 여드름의 pimple로 바꾼 표현이다 – 옮긴이)'이라는 애칭으로도 불리는 폐쇄면포(폐쇄여드름집)는 모낭을 막은 물질 위로 피부가 덮인다는 점에서 '개방'면포와 차이가 있다. 모낭에 갇힌 물질이 세균에 감염되면 이 세균을 없애기 위해 백혈구가 출동하고, 균을 분해한 후 죽은 백혈구가 쌓여 고름이 된다. 화이트헤드 역시 짜면 해결된다(당연히 이것도 짜면 안 된다).

여드름을 짜면 안 되는 이유는 짤 때마다 피부에 작은 구멍이 나는데 이를 통해 또 균에 감염되면 기껏 짜낸 찐득한 고름이 다시 생길 수 있기 때문이다. 감염은 더 큰 위험을 불러들일 수 있고 흉터가 남을 확률도 커진다. 그냥 두면 예외 없이 알아서 다 사라진다. 그러니 짜지 말라는 건 아주 훌륭한 조언이지만 다들 귓등으로도 안 들을 텐데 내가 군이 왜 이렇게 자세히 설명하는지 모르겠다.

종기와 옹종

아주 강력하고 커다란 여드름쯤으로 생각하고 싶지만, 실상은 더 심각하고 위험하다. 의학 용어로 '절종'이라고 하는 종기는 여드름과 비슷하지만 피부 더 깊숙한 곳에서 생기며 훨씬 고통스러운 감염증이다. 심지어 목숨까지 위태로울 수도 있다.

종기의 특징 중 하나는 아주아주, 엄청나게 아프다는 점이다. 여드름과 달리 종기의 원인은 주로 화농성 연쇄상구균이나 상당히 고약한 황색포도상구균이 피부의 아주 깊숙한 곳에서 증식하는 것이다.

이런 감염이 일어나면 백혈구의 일종인 대식세포(46쪽 참고)가 나타나 공격하고 삼킨다. 감염된 균을 어느 정도 삼킨 후 공격에 쓸 효소가 바닥난 대식세포는 죽는다. 우리가 고름이라고 부르는 누런 액체는 균을 집어삼킨 백혈구와 파괴되지 않은 세균, 죽은 조직이 모두 합쳐진 것이다(46쪽 참고). 이 액체가 염증이 생긴 피부 아래 쌓이면 통증이 더욱 심해진다. 나는 아직도 종기와 관련된 끔찍한 기억이 생생하다. 네 살쯤의 일로 엄마가 내 엉덩이에 난 종기를 짜내는 동안 빈백 의자에 엎드린 채 수치심과 고통으로 비명을 질러 댔다.

종기가 여러 개 생겨 뭉치는 불운한 사태가 벌어지면 옹종이 된다. 종기와 옹종 모두 골프공만큼 커질 수 있다. 눈과

가까운 곳에도 종기가 생기는데, 이 경우 다래끼(맥립종)라고 불린다. 종기 속 세균은 감염성이 있어 다른 사람에게 쉽게 퍼진다. 이 균이 혈류로 흘러들면 상황은 더 나빠지고 생사를 오갈 가능성도 있다.

코나 입 주변에 종기가 생겼다면 절대로 짜면 안 된다. 가까운 혈관으로 감염이 퍼지면 뇌로 번져 문제가 아주 심각해질 수 있다.

종기 탐구

터지기 일보 직전인 종기는 어떻게 해야 할까? 첫째, 앞에서 설명한 대로 절대 터뜨리면 안 된다(우리 엄마가 내 엉덩이 종기를 짜기 전에 누가 이런 말을 해 주었다면 좋았으련만). 재감염과 전염 위험이 아주 크므로, 곧장 병원에 가서 진찰을 받자. 대부분 종기를 절개해 해결해 줄 것이다. 항생제를 처방 받을 수도 있지만, 황색포도상구균이 정말 짜증 나는 이유는 항생제 내성이 생길 수 있다는 것이므로 항생제 처방 없이 상처 부위를 깨끗하게 유지하고 소독하라고만 하더라도 이상하게 생각할 것 없다.

완선

'성기가 썩는 병(jock rot)'이라고도 하는데, 이 불쾌한 문제에 딱 어울리는 불쾌한 이름이다. 사타구니가 가려운 건 전혀 웃을 일이 아닌데, 정식 명칭으로는 '사타구니 백선'이라고 하는 완선도 마찬가지다. 완선은 서혜부가 불그스름해지고 가려워서 사람을 민망하게 만드는 전염성 진균 감염 질환이다. 무좀이 있거나 손톱에 진균이 감염된 남성, 땀 흘리는 기능에 이상이 있는 남성에게 주로 발생한다. 전 세계적으로 완선을 일으키는 진균의 종류는 다양하지만 보통 항진균제를 쓰면 치료된다. 완선이 자주 생기는 사람이라면 옷을 헐렁하게 입고 서혜부를 청결하고 건조하게 유지해야 한다. 진균은 따뜻하고, 어둡고, 축축한 환경에서 잘 번진다.

두말하면 입 아픈 소리이지만, 처음부터 진균에 감염되지 않는 게 가장 좋다. 이미 감염됐다면, 균이 전부 짐을 싸서 꺼지기 전까지는 다른 사람의 서혜부와 접촉하는 일은 피해야 한다.

점

정식 명칭은 '모반'으로 우리는 몸 전체에 점을 10~40개 정도 가지고 있다. 점은 형태, 크기, 색이 제각각이고 생겼다가 사라지기도 하며 특별한 이유 없이 형태가 바뀐다. 검은색, 분홍색, 붉은색은 물론 푸른색 점도 있다.

점은 대부분 아무 해가 없는 멜라닌 세포 종양이다(종양이라는 이름 때문에 놀랄 수 있다). 즉 멜라닌 색소를 만드는 멜라닌 세포 군집에서 기능 이상이 생겨 짙은 색을 띠는 세포가 과잉 증식해 생기는 양성 종양이다. 나도 배에 털 한 가닥이 삐죽 난 점이 있는데, 이걸 좋아해야 할지 싫어해야 할지 아직도 마음을 정하지 못했다.

굉장히 드물지만, 점으로 암에 걸렸는지 알아낼 수도 있다. 주 징후는 점이 이상한 모양으로 변하는 것이다. 가장자리가 명확하지 않고 색이 균일하지 않으며 한 가지 이상의 색이고 점점 커지는 경우, 또는 가렵거나 껍질이 벗겨지고 피가 나기 시작한다면 병원에 가서 진찰을 받는 것이 최선이다.

점 탐구

애교점을 구분하는 엄격한 기준은 없다. 소경두더지쥐(영어로 점은 mole인데 두더지라는 뜻도 있어 저자가 말장난을 친 것-옮긴이)와 크기가 비슷한 내 배의 점과 마찬가지로 애교점 역시 멜라닌 세포 종양이다. 애교점이 유행했던 시대에는 사람들이 화장품이나 '무슈(mouche, 검정 벨벳이나 실크를 작은 원, 별 모양으로 만들어 붙이는 장식용 점-옮긴이)'라는 작은 패치로 가짜 점을 만들기도 했다. 무슈는 (입 주변에 많이 생기는) 매독 자국이나 천연두 흉터를 가리는 용도로도 활용됐다. 애교점 하면 마릴린 먼로(Marilyn Monroe)의 점이 가장 유명하지만, 돌리 파튼(Dolly Parton)의 애교점 역시 그에 못지않다고 생각한다.

출생점

피부는 다양한 형태상의 특성을 보이므로, 점과 출생점을 구분하는 건 별 의미가 없다. 둘 다 정확한 정의가 없기도 하다. 하지만 태어났을 때부터 있던 점에는 저마다 애틋한 감정을 갖는다. 나는 발에 출생점이 있다. 피부 아래 깊이 존재해 언뜻 작게 멍이 든 것처럼 보이기도 하는데 크게 신경을 쓸 정도는 아니다. 오히려 나만의 독특한 신체 특징으로 여긴다. 사람마다 출생점은 다르므로 여러분의 몸에 있는 것도 멋지리라 생각한다.

출생점은 크게 두 종류로 나뉜다. 색소성(유색) 반점과 혈관성(혈관과 관련 있는) 반점이다. 몽고반점은 대표적인 색소성 반점으로, 푸르스름한 빛을 띠어 꼭 멍든 자국처럼 보인다. 몽고반점은 대체로 사춘기 전에 사라진다. 평평하고 옅은 갈색을 띠어 커피우유 반점으로 불리는 것은 여러 원인으로 생긴다(몸에 오래된 출생점이 남아 있고 애틋한 마음을 표현하고 싶다면 애칭을 붙여 보자).

'딸기혈관종(영아혈관종)'이라는 멋진 이름이 붙은 종류는 피부에서 약간 튀어나온 특징이 있고 보통 몇 년이 지나면 사라진다. '황새가 문 자국'이라 불리는 반점을 갖고 태어나는 아기도 많다. 모세혈관(아주 가는 혈관)이 약간 더 넓어 피부가 붉거나 시뻘건 색을 띠는 부위를 가리키는데, 대부분 생후 2년이 되기 전에 사라진다.

출생점을 외과용 레이저나 스테로이드, 수술로 제거할 수도 있지만, 개성의 상징을 없애는 건 안타까운 일이다. 인생과 사회, 못된 사람이 출생점을 놀리기도 하지만, 그래도 자신의 모든 면을 사랑하는 사람이 되면 어떨까.

건막류

무지외반증으로도 알려진 건막류가 정확히 왜 생기는지는 아직 모른다. 건막류가 발생하면 엄지발가락 관절에 기형이 생겨 바로 옆의 다른 발가락들과 멀어지고 발 앞부분이 쭉 늘어난다. 동시에 발가락 끝은 안쪽으로 구부러져, 전체적으로 발이 이상한 다이아몬드 모양이 된다. 잘 모르는 사람이 보기에는 너무 꽉 조이는 하이힐을 신어 생긴 증상처럼 보인다. 실제로 남성보다 여성에게 많이 발생한다. 놀랍게도 성인의 무려 23%가 건막류를 앓는다고 한다. 끝이 뾰족한 신발이 유행했던 14~15세기 영국인의 뼈를 조사한 여러 연구에서 건막류를 앓은 증거가 광범위하게 발견되었다.

통증이 따르거나 심지어 수술까지 받아야 할 수 있으므로 쉽게 보아서는 안 된다. 또 건막류를 가진 사람을 놀리는 것 역시 영리한 태도가 아니다. 내가 어린 시절을 보낸 지역에 빌 베니언(Bill Benyon)이라는 토리당 의원이 있었는데, 정치인에게 갖는 보편적인 못마땅함 때문인지 당시 학교에서는 당사자가 들으면 굉장히 부당하게 느낄 만한 노래를 지어 불렀다.

"빌 베니언은 건막류가 있지. 얼굴은 꼭 절인 양파 같아."

여기까지만 하자.

사마귀

사마귀는 인유두종 바이러스 감염으로 발생하는 유두종(피부 나 그보다 훨씬 드물게 점막에 발생하는 양성 종양)이다. 주로 눈꺼 풀이나 입술에 나타나는 길고 얇은 실 모양의 사상사마귀부 터 거의 모든 곳에 툭 튀어나온 형태로 생기는 단단하고 딱딱 한 보통 사마귀(심상성사마귀)까지 종류가 다양하다. 사마귀는 흔한 편이며, 인유두종 바이러스는 건조하고 뜨거운 환경에 서도 잘 견뎌 없애기가 굉장히 어렵다(100℃가 되어야 죽는다). 자외선이 바이러스를 없애는 데 도움이 된다.

인간은 수천 년 전부터 사마귀에 시달렸다. 기원전 400년 에 히포크라테스(Hippocrates)가 쓴 글에도 사마귀가 나온다. 그러나 1907년이 되어서야 의사 주세페 추포(Giuseppe Ciuffo) 가 사마귀의 원인이 바이러스라는 사실을 밝혔다. 보통 치료하지 않아도 몇 개월, 또는 몇 년 내에 저절로 사라지지만 꽁꽁 얼리거나(냉동요법) 살리실산(식물 호르몬 중 하나)을 사용하면 좀 더 빨리 없어지기도 한다.

사마귀는 짜증이나 민망한 것 외에 더 큰 문제를 만들지는 않는다. 단 악명 높은 발바닥사마귀(또는 족저사마귀)는 뿌리를 아주 깊이 내리기에 아프고 쑤신다. 중간에 까만 점이 있기도 하는 발바닥사마귀는 주로 많이 눌리는 부분에 생긴다. 그러면 더 극심한 통증에 시달린다.

주름

내가 아무리 주름을 사랑하라고 말해도 여러분은 그럴 수 없을 것이다. 절대로!

대체 주름은 뭘까? 전 세계적으로 100조 원 규모의 시장을 형성시킨 주인공으로, 심지어 시장 규모가 2030년에는 두 배 이상 커질 것으로 예상한다. 이 시장을 움직이는 가장 큰 동력은 무엇일까? 바로, 늘어나는 노인 인구다.

누구나 나이가 들면 주름을 피해 갈 수 없다. 주름의 원인을 두고 인체의 복구 기능에 이상이 생기고 그 문제가 점점 축적된다는 것을 비롯해 다양한 이론이 등장했지만, 기본적으로는 피부가 온종일, 밤낮없이, 우리가 돌아다니고, 웃고, 키스하고, 지하철이나 버스 창문에 얼굴을 대고 누르는 그 모든 순간에 수축과 팽창을 반복하는 복잡한 기관이라는 사실로 귀결된다. 게다가 피부는 더위와 추위 같은 날씨로 인해 늘어났다가 줄어든다. 또 바람으로 인한 건조, 태양에 노출되어 열과 대기, 자외선으로 인한 손상, 피부 재생 과정에서 일어나는 변화에도 영향을 받는다….

그러니 피부가 이 모든 고난을 겪고도 견디고 살아남는다는 사실이 더 놀라울 따름이다.

주름에는 흥미로운 특징도 있다. 목욕물에 몸을 오래 담그면 피부가 쪼글쪼글해지는데, 이 일시적인 침수 주름은 학자들 사이에서 놀라울 정도로 의견이 분분한 현상이다. 이 기이한 주름을 두고 피부가 젖어도 손으로 쥐는 기능이 유지되도록 만들어 진화적으로 유익한 영향을 주었다는 주장과 그렇지 않다는 주장이 제기됐다.

흥미로운 사실은 손가락의 특정 신경이 절단되면 물에 담가도 피부가 쪼글쪼글해지지 않는다는 것이다. 이는 침수 주름이 단순히 삼투압(피부에 물이 들어가 전해질 균형을 맞추는) 현상이 아니라 신경계와 관련이 있다는 의미다. 현재는 이것이 '검증된' 이론으로 여겨지지만, 정말로 그런지는 조금 더 두고 봐야 한다.

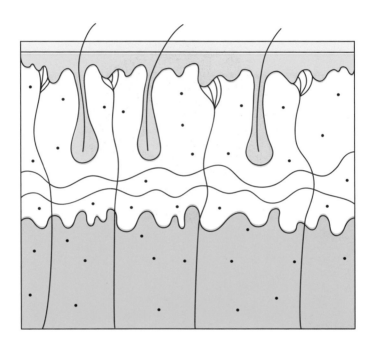

4장

어색하고 곤란한 몸

남성의 유두와 질

남성도 젖이 나올 수 있다. 게다가 아주 작은 질도 흔적 기관으로 남아 있다. 믿기 힘들겠지만 사실이다.

우선 아무 기능도 하지 않으면서 인체에 남은 흔적 기관부터 살펴보자. 대체로 한때는 생존에 꼭 필요했지만 더 이상 쓸모가 없는 기능을 수행했던 흔적 기관은 진화의 발걸음을 보여 준다. 필요 없어졌는데 왜 남아 있을까? 완전히 없애는 건 진화에서 우선순위가 아니라는 점이 주된 이유다. 유두가 에너지를 쓰거나 남성의 생식 기능에 어떤 식으로든 방해가 됐다면 진작 사라졌을 것이다. 하지만 딱히 문제가 되지 않는다면 굳이 힘들여 없애는 수고를 할 필요가 있을까?

그럼 애초에 남성의 몸에 유두가 왜 생겼을까? 사실 인간은 전부 여성에서 출발한다. 몰랐다면 깜짝 놀란 분도 있을 것이다. 발달 단계에서 첫 몇 주 동안은 남자와 여자가 될 배아 모두 비슷한 유전학적 청사진에 따라 유두와 질을 포함한 몸 구석구석이 만들어진다. 그러다 6주에서 7주가 지나면 (남성에게만 있는) Y염색체의 한 유전자가 고환이 발달되도록 유도한다. 9주차가 되면 남자 태아에서 테스토스테론이 만들어지며 동시에 생식기와 뇌의 유전자 활성에 변화가 생겨 유방을 포함한 몇몇 장기의 발달이 중단된다. 하지만 그때는 이미 늦었다. 유두는 이미 생겼고, 있는 걸 없앨 방법은 없다.

유두만이 아니다. 모든 포유동물의 수컷은 유선과 유방 조직을 흔적 기관으로 갖고 있다. 사실상 모유 생산에 필요한 장치가 전부 있는 것이다. 포유동물이라는 이름부터가 젖(乳)을 의미한다(포유동물을 뜻하는 mammal은 라틴어로 젖을 의미하는 mamma에서 유래했다). '비스마르크가면날여우박쥐'와 '다약과일박쥐'는 수컷도 젖을 만든다. 사람도 남성의 몸에서 젖이 나온 사례가 있었다(그리 많지는 않지만 제대로 입증된 사실이다). 뇌하수체 기능에 이상이 생겨 모유 생산을 유도하는 프로락틴 같은 호르몬이 과잉 생산되면 그런 현상이 나타난다고 추정된다.

남성에게는 고환의 부속 기관으로 자궁경부와 자궁, 나팔관도 아주 작은 흔적이 남아 있다. 모두가 흔적으로나마 질을 가지고 있는 셈이다. 수컷의 질(또는 일반적으로 전립선 소실)은 달리 갈 데가 없어 남성의 생식기에 남은 일종의 도관으로, 일부분에 지나지 않지만 질이 있다는 사실은 인정해야 한다!

미골 또는 꼬리뼈(168쪽 참고)와 사랑니, 몸의 털 대부분도 인체의 흔적 기관에 해당한다. 이러한 부속 기관은 쓸모없다고 여겨졌지만, 최근에 장에 서식하는 유익균의 원천일 가능성이 있다는 연구 결과가 나왔다.

다른 동물도 흔적 기관이 있다. 화식조와 타조, 키위처럼 날지 못하는 새에 남은 날개 또는 그보다 희한한 예로 일부 고래에서 발견되는 뒷다리 뼈의 흔적이 그것이다.

젖꼭지 탐구

남성과 여성 모두 유방과다증, 즉 유두가 과다한(2개 이상) 사람이 있다. 사례가 놀라울 정도로 많은데 해리 스타일스(Harry Styles), 릴리 앨런(Lily Allen), 틸다 스윈턴(Tilda Swinton) 등 유명 인사에게서도 찾아볼 수 있다. 유방과다증 연구는 꽤 여럿 진행됐지만, 발생 빈도가 독일 아동의 경우 5.6%이고, 헝가리인은 0.22%로 나오는 등 결과 범위가 의심스러울 정도로 들쑥날쑥해 연구 방법을 그리 신뢰할 수는 없다.

대체로 유방과다증은 여분의 유두가 몸통 앞면에 작게 점처럼 형성된다. 그러나 손을 포함해 몸의 어느 곳에든 생길 수 있다. 유륜처럼 일반적인 피부와 다른 색으로 변하는 경우부터 유두와 그 아래 유방 조직에 이르는 유방 전체가 완전하게 추가로 생기는 경우까지 형태도 다양하다.

생리

생리라는 말을 입 밖으로 꺼내는 것조차 터부시하는 문화도 있는데, 생리가 인간이 존재하기 위한 필수 요인임을 생각하면 터무니없는 일이다. 무엇보다 생리는 정말로 놀라운 현상이다. 생물 수업 시간에 제대로 귀 기울이지 않았던 사람을

위해 설명하자면, 여성은 (임신한 게 아니면) 약 28일 주기로 몸의 프로게스테론 농도가 뚝 떨어지면서 자궁 내벽의 혈액과 점막 조직이 질을 통해 몸 밖으로 배출된다.

생리의 양은 개인차가 크지만 한 회 평균 35㎖다. 짙은 적색을 띠며 절반은 나트륨과 칼슘, 인, 철, 염소가 다양한 비율로 포함된 혈액이고 나머지는 자궁 내막의 죽은 조직과 단백질 함량이 높은 질 분비물, 자궁경부의 점액이다.

대변

대변이라고 하면 너무 딱딱하고, 똥이라고 하면 어린애들 말 같다. 어쨌든 우리 모두 대변과 어울려 살아간다.* 대변은 소화의 후반 단계로 생명 유지에 필요한 여러 기능처럼 꼭 필요한데 왜 다들 대변 이야기를 꺼리는지 도무지 이해할 수가 없다.

일반적으로 우리는 매일 100~200g의 대변을 만든다. 양은 먹은 음식과 건강 상태, 그날그날의 체내 미생물군 구성과 수에 의해 좌우된다. 보통 대변은 수분이 33.3%, 고형물이 66.6%를 차지한다. 대변의 약 30%는 셀룰로스를 포함한 불용성 식이섬유이고 다른 30%는 세균(살아 있거나 죽은 균 모두)

---

* 이 책은 내려놓고 얼른 서점에 가서 《방귀학 개론》 책을 한 권 사 오기를 강력히 제안한다. 역시나 내가 쓴 그 책에는 대변에 관한 정보가 상세히 나와 있고 방귀에 관해서는 더더욱 상세한 설명이 나온다.

이다. 그 밖에 인산칼슘 같은 무기물이 10~20%, 콜레스테롤 등 지질이 10~20%, 단백질이 2~3%를 차지하며 장 내벽에서 떨어져 나온 죽은 세포와 오래된 적혈구 잔해에서 나온 황갈색의 스테르코빌린, 우리빌린도 그보다 적은 비율로 있다.

브리스톨 대변 척도는 대변에 관심이 큰 사람이 자신의 대변을 사진으로 찍어 어딘가로 보내지 않고도(그랬다가는 아주 이상하게 생각하는 친구도 있을 것이다) 대변 상태를 알아보도록 돕는 훌륭한 지침이다. 1997년 브리스톨 왕립병원에서 개발한 이 척도에서 대변은 '견과류처럼 각각 분리된 딱딱한 덩어리, 배변이 힘듦'에 해당하는 1형부터 '소시지나 뱀처럼 매끄럽고 부드러운 형태'로 정의된 4형, '물 같은 상태, 단단한 부분이 없고 전부 액체 상태'에 해당하는 7형까지로 나뉜다. 나는 현재 분명히 건강하지만 별 재미는 없는 4형으로 보인다. 솔직히 나는 다채로운 식단에 따라 대변 형태가 이리저리 바뀌는 것을 좋아한다.**

우리의 직장 끝에는 하나가 아닌 2개의 괄약근이 있고 우

** 의사에게 물으면 대부분 3~5형 사이를 유지하라고 단호히 이야기한다.

리는 이 괄약근을 통해 똥을 내보낸다. 몸 안쪽의 내괄약근은 마음대로 조절할 수 없고 바깥쪽 외괄약근은 뜻대로 움직일 수 있다. 말이 나온 김에 덧붙이자면 밖으로 내보내기가 만만 치 않은 똥을 밀어내려고 몸에 힘을 주는 노력을 '발사바 조 작'이라고 부른다. 목의 성문이 닫힌 상태로 숨을 내쉬어 흉 강과 복부의 압력이 올라가도록 만드는 것으로, 직장의 내용 물을 밀어낼 때 도움이 된다. 하지만 혈압도 함께 올라가고, 심혈관계의 몇 가지 복잡한 기능이 갑자기 활성화될 수 있으 므로 주의해야 한다. 힘을 주다가 압력이 높아져 틈새 탈장이 발생하거나 심한 경우 심정지가 올 수 있고, 강하게 힘을 주 고 나서 혈압이 잠시 떨어질 때 의식을 잃는 일도 벌어진다.

똥은 아주 유용하게 활용될 수 있다. 훌륭한 비료로 쓰이 기도 하는데 나는 인도의 어느 시골에서 나중에 불 피우는 연 료로 쓰려고 소똥을 벽에 발라 말리는 광경을 봤다. 단점을 꼽자면, 똥 1g마다 400억 마리의 세균과 1억 마리의 고세균 (핵이 없는 단세포 생물)이 가득하고 그중 일부는 위험할 수도 있다는 것이다. 콜레라의 주된 원인이기도 하다. 따라서 식용 작물에 똥을 사용할 때는 주의해야 한다.

대변 탐구

나처럼 비트를 먹고 나면 똥이 선홍색으로 변하는 사람이 있다. 비트 색은 베타닌이라는 보라색 색소에서 나오는데, 이 색소가 체내에서 완전히 분해되지 않아 나타나는 현상이다. 전날 저녁에 비트를 먹었다는 사실을 까맣게 잊거나 후무스에 비트가 든 걸 몰랐다가 그런 대변을 보면 기겁할 수 있다! 내 경우 응급실을 연상시킬 만큼 진하고 강렬한 빨간색으로 변하는데, 소변 색은 전혀 바뀌지 않는다는 점이 좀 아쉽다.

소변

식생활과 신체 활동량에 따라 여성의 몸에서는 매일 평균 약 1ℓ, 남성의 몸에서는 평균 약 1.4ℓ의 소변이 만들어진다. 소변은 수용성 폐기물, 특히 세포 호흡의 부산물로 생성되는 질소 농도가 높은 물질을 몸 밖으로 제거하는 환상적인 수단이다. 요소(비료로 널리 쓰이는 물질), 요산(혈중 요산 농도가 너무 높으면 통풍의 원인이 된다), 크레아티닌(근육 대사로 발생하는 부산물)이 그러한 물질이다. 소변에 질소가 많이 들었다는 건 소변이 훌륭한 비료라는 뜻이다. 정원에 넉넉히 뿌리면 식물들이 좋아할 것이다. 오줌을 거름과 섞으면 황, 숯과 함께 화약의 필수 성분인 질산칼륨을 만들 수 있다.

'오줌 눈다'를 좀 격식을 차려 배뇨라고 말한다. 우리 몸에서 만들어지는 소변은 약산성(대략 pH 6.2)이고 보통 95%

가 물이다. 노란색으로 보이는 건 오래된 적혈구가 분해되면서 발생하는 우로빌린 성분 때문이다. 비트를 먹고 나면 소변 색이 붉게 변하는 사람도 있는데, 비트 특유의 진한 선홍색을 내는 베타닌이 체내에서 제대로 분해되지 않아 나타나는 현상이다. 아스파라거스는 황 성분이 들어 있어 먹고 나면 소변이 진해지고 악취와 흙냄새가 난다.

역사적으로 소변을 인상적으로 활용한 사례를 여럿 볼 수 있다. 고대 로마에서는 오줌이 세척액, 치아 미백제, 세탁 세제로 쓰였다. 소변에 함유된 요소가 암모니아를 분해하므로 세척 효과가 뛰어나고 소독 효과도 우수했기 때문이다. 중국에는 '숫총각 달걀'이라는 뜻의 전통요리 퉁즈단(tong zi dan)이 있다. 어린 소년의 오줌에 달걀을 담갔다가 삶아 절인 요리로, 건강에 좋다고 여겨진다.

오줌 탐구

소변의 활용 사례 중 별 효과가 없는 것도 있다. 우선 해파리에 쏘였을 때 오줌이 유용하다고 믿는 사람이 많지만, 사실이 아니다. 또 자가소변요법(자기 오줌을 마시는 것)이 건강에 좋다는 주장 역시 믿는 사람이 많은데 과학적인 근거는 없다. 오줌을 과도하게 마시는 건 별로 좋은 생각이 아니다. 자가소변요법을 옹호하는 사람이 뭐라고 주장하든, 오줌은 멸균 물질이 아니라 다양한 독소가 들었다. 게다가 인체가 힘들게 제거한, 질소 농도가 높은 물질이 가득 들어 있다.

탈수 상태에서 너무 목이 말라 오줌을 마시면 어떻게 될까? 소변에 용해된 염분의 농도가 높아 안타깝게도 역효과가 발생할 가능성이 크다.

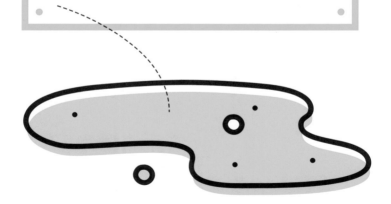

보이지 않는
인체의 폐기물

인체는 이 밖에도 많은 폐기물을 만들지만 대부분 우리 눈에 보이지 않는다. 몸 전체 세포는 우리가 먹은 음식에서 포도당을 분해해 화학 에너지를 얻는 순차적인 대사 반응을 한다. 이는 휘발유를 연료로 쓰는 자동차의 엔진에서 일어나는 것과 동일한 연소 반응으로 똑같이 이산화탄소와 물이 폐기물로 발생한다.

우리 몸에서 만들어지는 이산화탄소의 양은 굉장히 많다. 눈에 보이지 않고 냄새도 나지 않아 체감하지 못할 뿐이다. 우리가 들이마시는 공기에 포함된 이산화탄소는 0.04%인데, 내쉬는 숨에는 4%가 담긴다.* 내쉬는 숨은 인체의 가스를 효과적으로 배출시킨다.

우리 몸은 쉬지 않고 재생된다. 체중의 16%를 차지하는 피부 중 맨 바깥층은 매달 전체가 교체된다. 적혈구는 4개월마다, 미뢰 세포는 열흘마다, 소장 내벽은 이틀에서 나흘 주기로 바뀐다. 골격 구성 세포는 해마다 10%가 새로 교체된다. 짜증 나게도 지방 세포는 8년이나 눌러 산다. 눈의 수정체처럼 처음 생긴 그대로 평생 있는 조직은 별로 없다. 몸의 일부는 계속해 떨어져 나오거나 몸에서 흘러나오는 각종 액체를 통해 배출된다. 세포도 상당수가 대식세포에 먹힌 다음 세포막단백질과 수용성단백질, 호르몬, 지질과 같은 노폐물이 '세포외배출'이라는 과정을 통해 나온다. 이렇게 배출된 노폐물은 재사용되거나 여러 방법으로 체외로 빠진다.

이스라엘 바이츠만 연구소의 계산 결과에 따르면, 우리 몸에서는 매일 3,300억 개의 세포가 교체된다. 몸 전체 세포의 1%가 넘는 규모다. 우리의 멋진 몸은 약 30조 개의 세포로 구성되므로, 우리는 대략 90일 주기로 완전히 새로운 사람이 된다.

* 기후 변화를 염려하는 사람은 우리가 내쉬는 숨이 온실가스 배출량에 영향을 준다고 주장하지만 그건 사실이 아니다. 식물이 물과 이산화탄소를 산소와 저장할 수 있는 에너지로 전환시키면 우리는 음식과 호흡을 통해 이를 받아들이고 다시 물과 이산화탄소로 배출하는 것이다.

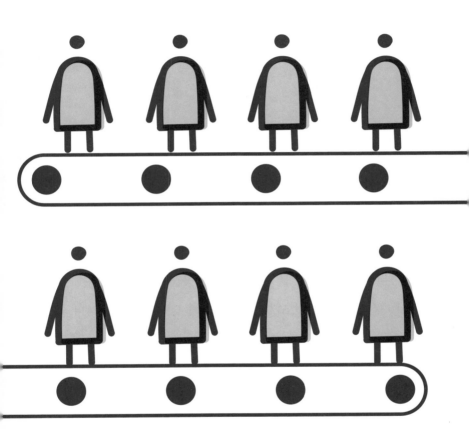

배꼽

보통 사람이라면 누구나 그렇듯 나도 온종일 쉬지 않고 내 배꼽을 만지작거린다.* 영어로는 umbilicus라고 하는 배꼽은 아기가 엄마 배 속에 있을 때 태반에 붙은 탯줄이 남아 형성되는 반흔 조직이다. 태반이 있는 포유동물은 전부 배꼽을 가져야 하는데, 우리 집 반려견은 아무리 살펴봐도 못 찾겠다.**

탯줄은 태아에게 영양소와 산소를 공급하고 태아의 몸에서 나온 노폐물을 내보낸다. 동맥 2개와 정맥 하나로 구성되

---

* 제발 나만 그런 게 아니기를 바란다. 배꼽공포증(omphalophobia)을 가진 사람도 있다. 〈찰리와 초콜릿 공장〉의 공장 직원들(oomphloompa)과는 아무 상관이 없고, 배꼽을 몹시 두려워하는 것을 가리킨다.

** 태반이 있는 포유동물은 워낙 많아 태반이 없는 동물을 열거하는 게 더 쉬울 정도다. 오리너구리와 바늘두더지를 비롯한 멋진 단공류와 포유류의 또 다른 갈래인 유대류가 태반이 없는 포유류다. 유대류에는 웜뱃, 주머니개미핥기, 주머니쥐, 돼지발 반디쿠트, 캥거루 같은 매력적인 동물들이 있다.

며, 와튼 젤리라는 재미있는 이름이 붙은 연하고 끈적끈적한 물질이 이 혈관들을 감싸고 있다. 출생 후에 탯줄을 자르면, 개방된 부분은 약 3분 이내로 닫힌다.

아기가 태어나면 곧바로 탯줄을 클램프로 조인 후 가위로 자른다. 실제로 보면 겁이 날 정도로 놀라운 광경이지만, 탯줄에는 신경이 없으므로 자를 때 아기는 아무것도 느끼지 않는다. (몸에 남아 배꼽이 되는 부분도 아무 감각이 없다. 찔러 보면 알 것이다. 나도 방금 해 봤다. 진짜 아무 느낌이 없다.)

잘린 후 짧게 남은 탯줄은 다양한 밝은색을 띠다가 까맣게 변하고 보통 생후 2주쯤 지나면 떨어진다. 떨어져 나온 배꼽으로 열쇠고리를 하나 만들까, 하는 유혹이 강렬하게 들 수도 있지만 그냥 버리는 게 가장 좋다.

배꼽 탐구

2012년 미국 노스캐롤라이나 주립대학 연구진은 배꼽에 사는 미생물을 조사하는 '배꼽 다양성 프로젝트'를 시작했다. 수백 명의 표본을 채취해 확인한 결과 맨 처음 분석한 60개 표본에서만 2,300가지의 세균이 발견됐다. 그중 상당수가 특정 개인에게만 존재했다. 이 연구를 통해 표피 포도상구균과 밝은 노란색을 띠는 마이크로코커스 루테우스, 슈도모나스가 매우 흔하게 배꼽에 서식한다는 사실이 밝혀졌다. 튀어나온 배꼽 형태인 사람은 참가자의 4%에 불과했다.

네이블오렌지(네이블[navel]은 배꼽이라는 뜻-옮긴이)는 처음 생긴 열매 안에 미성숙한 두 번째 열매가 생기므로 줄기 반대편에 '배꼽' 같은 부분이 있다.

멍과 키스 자국

멍

의학 용어로 타박상인 멍은 외상을 입었을 때 모세혈관에서 주변 조직으로 적혈구가 새어 나와 생기는 조직 혈종(내출혈 부위)이다.

멍의 가장 큰 특징은 시간에 따른 색 변화인데, 이는 혈관에서 새어 나온 혈액이 제거되는 '분해' 과정 때문이다. 처음 멍이 들면 적혈구의 헤모글로빈으로 인해 피부가 붉거나 거무스름해지고 푸른빛을 띤다. 피부는 가시광선 중 적색광을 더 많이 흡수하고 청색광은 더 많이 반사하는 경향이 있다(손에 있는 혈관이 푸른색으로 보이는 이유다). 적혈구가 모세혈관 밖으로 나오면 체외 배출 대상이 되므로 대식세포가 와서 삼킨다. 적혈구의 헤모글로빈이 대식세포에 의해 분해되는 일련의 반응이 시작되면, 가장 먼저 빌리베르딘이라는 물질이 형성되어 멍이 초록빛을 띤다. 대식세포에서 빌리베르딘이 분해되어 빌리루빈이 되면(오줌을 노랗게 만드는 색소 중 하나다) 멍은 노랗게 변하고, 다시 철이 저장된 헤모지데린으로 분해되면 갈색으로 바뀐다.

키스 자국

키스 자국은 충격에 의해서가 아니라 쪽 빠는 힘이 가해질 때 생기는 멍이다. 보는 관점에 따라 부모를 열받게 만들려는 못된 아이가 반항하려고 만든 상징이라고 여기는 사람이 있고, 미성숙함과 절박함을 보여 주는 흔적이라고 보는 사람도 존재한다. 굳이 여기서도 진화를 언급하고 싶다면, 고양이를 비롯해 많은 동물이 짝짓기 전후에 서로의 목을 문다는 사실을 지적하면 된다.

키스 자국을 없애는 마법 같은 방법을 소개하는 잡지가 널렸지만, 아주 단조로운 방법(휴식, 얼음찜질, 압박, 들어 올려 높이기) 외에는 다 별 효과가 없다. 건강한 사람은 키스 자국이 다른 멍처럼 2주쯤 지나면 자연히 사라진다. 뉴질랜드에서는 한 여성의 주 동맥 바로 옆에 작은 키스 자국이 생겼는데, 혈전이 형성되고 심장으로 흘러가 뇌졸중까지 겪고도 완쾌했다는 보도가 나왔다. 그러니 키스 자국이 생겨도 크게 걱정할 것 없다.

진한 키스

과학 용어로 입맞춤, 입의 접촉이라고도 하는 키스는 각자의 기술에 따라 약 34개의 얼굴 근육을 사용한다. 입을 둘러싼 입술에 형성된 둥근 입둘레근도 그중 하나다(입술은 괄약근의 일종이다. 지금까지도 그랬고 앞으로도 내가 가장 좋아하는 사실로 남으리라). 침팬지, 보노보노를 비롯해 여러 종이 키스를 한다. 우리 집 반려견도 내가 집에 오면 핥아댄다(물론 그건 개가 핥을 때마다 내가 크게 웃고 애정 표현을 하기 때문이겠지만). 하지만 지금 이야기하려는 건 볼에 쪽 하고 끝나는 뽀뽀가 아니다. 혀와 다른 모든 것을 활용해 애정을 표현하는 진한 키스가 우리의 주제다.

키스를 연구하는 키스학이라는 학문도 있다. 그만큼 키스는 광범위하게 연구되었지만 인간이 키스를 왜 하는지, 특히 굉장히 위험할 수도 있는데도 입을 맞추는 근본적인 이유는 밝혀지지 않았다. 키스와 그 과정에서 교환되는 타액은 감기, 매독, 단순포진 같은 각종 세균과 질병을 옮기는 경로가 될 수 있기에 진화적으로 결코 유익한 행위가 아니다. 인간의 키스가 본능인지, 아니면 부모와 또래 집단이 하는 걸 보고 따라 하는 학습된 행동인지도 불분명하다.

확실한 사실은 생물학적 요소와 심리적 요소가 모두 키스에 영향을 주고, 짝을 선택할 때 중요한 역할을 한다는 점이다. 학술지 〈진화 심리학(Evolutionary Psychology)〉에 게재된 연구에 따르면 여성은 키스를 통해 '관계를 확고히 만드는 동시에 관계의 현재 상태를 확인하고 상대방이 이 관계에 얼마나 헌신하는지 평가하며 그 정보를 주기적으로 업데이트한다.' 반면 남성은 키스를 '최종 목적을 위한 수단, 즉 성적인 호감을 얻거나 화해하기 위한 수단으로 활용하는 경향이 있다.' 연구진은 키스가 '짝을 평가하는 기술'이라는 결론을 내렸다. 이 책을 읽는 청소년은 전부 이렇게 말하리라.

"뭐 당연한 소리를 하고 있어?"

입을 맞추면 기분이 좋아지는 여러 생화학적 반응이 시작되고 옥시토신(사랑, 사회적 유대감, 성적 매력 호르몬)과 도파민(즐거움 관련 호르몬), 엔도르핀(행복 관련 호르몬)의 분비가 촉진되며 스트레스 관련 호르몬인 코르티솔 분비는 억제된다. 여러 연구에서 키스를 자주 할수록 '주관적으로 느끼는 스트레스와 관계에 대한 만족도, 혈청의 총콜레스테롤 농도'가 개선되는 것으로 나타났다. 심지어 연구를 위해 참가자들이 지시에 따라 키스를 자주 하는(그러니까 하고 싶어 하는 게 아닌) 경우도 똑같이 이런 결과가 나왔다.

키스 탐구

진한 키스는 세균 10억 마리와 함께 염 0.5mg, 단백질 0.5mg, 지방 0.7μg, 각종 음식물 0.2μg과 기타 등등을 상대에게 전달한다.

호두까기

속칭 호두까기라고 하는 고환에 가해지는 충격보다 남성에게 극심한 통증을 주는 행위는 없다. 통증은 갈수록 심해지며 몸이 이상하게 비틀리는 듯한 고통이 뒤따라 무릎까지 꿇게 되면 당혹스러운 감정마저 생긴다(당혹감은 내가 아빠가 될 가능성이 사라지는가 하는 의심에서 비롯된다). 통증은 고환보다는 복부에 더 심하게 나타난다. 고통이 너무 심해 구토 증상도 보이는데, 그 모습을 보는 친구들은 굉장히 즐거워한다.

이 극적인 광경과 혼란스러운 통증의 중심에 복부와 음낭이 공유하는 신경과 조직이 있다. 고환은 아기가 엄마 배 속에 있을 때 복강 내부에서 발달하며 임신 3~6개월 정도에 음낭 쪽으로 내려오는데, 희한하게도 두 부분을 잇는 물리적인 연결 고리가 남는다. 호두까기로 정삭, 즉 고환이 비틀리는

(염전) 현상까지 발생하면 상황은 더욱 나빠진다. 혈액 공급이 끊겨 진짜 심각한 상황이 될 수 있기 때문이다. 그러니 다들 제발 그만 웃었으면 좋겠다.

왜 그렇게 아픈 걸까? 고환은 생식 기능에 아주 중요한 기관인데도 위험하게 외부에 노출되어 있다. 그래서 이 부위를 어떻게든 보호하려는 진화의 절박한 노력으로 신경말단이 잔뜩 형성되어 있다. 그만큼 극히 민감해 살짝만 건드려도 고환의 주인장에게 큰 통증과 함께 좀 더 세심하게 관리하라는 경고가 전달된다.

모든 정황을 고려하면 고환이 몸 바깥에 나와 있는 자체가 상당히 놀라운데, 그 이유를 설명하는 몇 가지 이론이 있다. 그중 하나가 정자가 생산되는 온도의 범위가 좁고 그 온도가 인체의 평소 체온(37℃)보다 낮다는 점이다. 하지만 왜 고환이 외부에 생기는 것 말고 다른 방식으로 적응이 일어나지 않았는지 정확히 아는 사람은 없다. 새(몸의 중심 온도가 굉장히 높은 동물이다)를 비롯한 다른 포유동물은 대부분 고환이 체내에 있으므로 유독 인간만 예외인 데에는 다른 이유가 있을 가능성이 크다. 여성들이 보려고 해서 그런 건 아닐까? '성적 선택의 수단으로 활용'하기 위한 목적으로 말이다.

호두까기 탐구

고환에 충격이 가해지고 한 시간 내로 통증이 가라앉아야 정상이다. 그보다 오래가거나 멍이 보인다면 서둘러 병원으로 가야 한다. 호두까기 때 발생하는 감각을 적극적으로 탐구하는 전문가 집단도 있다. 그 이야기는 책 한 권 분량이니 넘어가자.

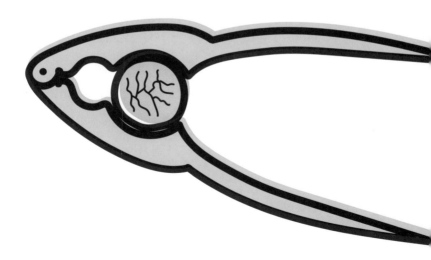

꼬리

척추 끝 꼬리뼈가 인간의 조상인 유인원의 꼬리에서 남겨진 진화의 희미한 흔적이라는 사실은 이미 많은 사람이 안다. 하지만 우리가 태아 시절에는 깜짝 놀랄 만큼 커다란 꼬리를 달고 있다는 사실은 어떻게 생각하는가? 정말로 그렇다. 배아가 자궁에서 발달한 지 4~5주가 지나면 10~12개의 척추뼈로 이루어진, 몸 전체 길이의 6분의 1에 해당하는 굉장한 꼬리가 생긴다. 그러다 아주 기이한 일이 벌어진다. 꼬리가 점점 사라지는 것이다. 흡사 우리 유전자가 지금 래브라도 리트리버를 만드는 게 아니라 사람을 만드는 중임을 불현듯 깨닫고는 여태 꼬리를 만드느라 들인 고생은 접어 두고 다시 없애기로 결심한 것처럼 말이다.

인간의 유전 청사진에는 사람을 최종 완성하는 데 꼭 필요한 것보다 더 많은 정보가 담겨 있고, 꼬리처럼 불필요한 부분은 유전자의 활성이 꺼지면서 세포예정사(세포자멸)가 일어난다는 사실이 밝혀졌다. 수정 후 8주가 되면 꼬리 척추뼈 중 여섯 번째부터 여덟 번째에 해당하는 뼈와 주변 조직이 그런 과정을 거쳐 사라지고, 최종적으로 꼬리뼈만 남는다.

굉장히 드물지만, 활성이 꺼져야 하는 유전자가 재활성되어 꼬리 퇴화가 완료되지 않고 다시 자라는 상황도 일어난다. 이 경우 아기는 근육과 연결 조직, 멀쩡한 피부, 모낭까지 다 갖추어진 작은 꼬리를 달고 태어난다. 2012년에 학술지 〈영국 의학저널(BMJ)〉의 사례 보고에는 멋진 꼬리를 달고 태어난 여아가 생후 3개월에 이 꼬리를 성공적으로 제거한 내용이 상세히 실렸다.

이 사례에서 가장 당혹스러운 특징은 꼬리가 아주 길고 가는 손가락과 비슷했다는 것, 그리고 꼬리뼈에서 곧게 뻗어 나온 게 아니라 약간 왼쪽으로 치우쳐 자랐다는 것이다. 또한 자라는 속도가 상당히 빨라 아기가 생후 3개월일 때 11cm에 이르렀다. 다행히 이런 일은 매우 드물어서 현재까지 보고된 사례는 40건에 불과하다.

엉덩이

생식기 외에 남에게 어쩌다 보여 줄 일이 생기면 아주 민망해지는 부위라면 잔주름과 털이 멋지게 어우러진 항문이 떠오른다. 시인은 우리의 입은 그토록 숭상하는데 항문은 왜 이토록 무시할까? 내 생각에는 입으로는 공들여 만든 맛있는 것들이 들어가지만, 항문으로는 원시적이고 냄새도 지독한 대변이 나오기 때문인 것 같다. 하지만 입과 항문은 서로가 반드시 필요로 하는 사이다.

엄밀히 말하면 '엉덩이'는 정확한 용어라기보다 직장, 항문, 괄약근, 볼기까지 각기 다른 여러 부분을 한꺼번에 부르는 말이다. 직장은 대변을 체내에 담는 공간으로(145쪽 참고), 대변이 어느 정도 차면 뇌에 얼마나 모였는지 알려서 읽을 거리와 냄새를 없앨 향초, 편안한 공간을 찾는 등 대변을 내보낼 준비를 시작하게 만든다. 내괄약근과 외괄약근 쪽으로 열려 있는 항문은 고형 노폐물을 제거하는 소화 과정의 최종 단계를 수행한다. 조류와 파충류, 양서류는 항문과 요로, 질이 분리되지 않은 배설강이라는 훨씬 단순한 기관을 갖고 있다. 고체와 액체 형태의 노폐물이 이 배설강으로 배출되며 짝짓기와 알을 낳을 때도 쓰인다.

5장

무성한 털

500만 가닥의 털

포유동물은 모두 어느 정도 털이 있다(정말 못생긴 벌거숭이두더지쥐*도 음모와 비슷한 털이 몇 가닥은 난다). 인간은 털이 적은 축에 속한다. 먼 옛날 인류의 조상에게 털은 중요한 체온 유지 도구였다. 현재 우리 몸 전체에는 털이 500만 가닥쯤 있고 매일 약 0.4mm씩 자란다. 숫자만 보면 털이 아주 많은 것 같지만, 비버의 경우 100억 가닥, 부전나비는 1,000억 가닥이라는 사실을 알고 나면 별거 아닌 기분이 든다.

영장류 중에서 인간은 진화를 거치며 털이 크게 줄어들었다. 그 이유는 명확히 밝혀지지 않았다. 유전 증거를 보면 약 170만 년 전부터 인간은 털이 수북한 동물에서 벗어났을 것

---

* 벌거숭이두더지쥐는 포유류 중 유일하게 체온이 외부 온도에 따라 바뀐다. 즉 곤충처럼 냉혈동물에 속한다.

으로 추정된다. 벼룩과 같은 체외 기생충 때문에 인간의 몸에서 털이 줄었다고 설명하는 흥미로운 이론도 있다. 사회성이 더욱 발달하고 다른 사람과 가까이 붙어 살면서 벼룩과 이는 점점 골치 아픈 문제가 되었고, 털이 줄자 서로 몸을 비벼대다가 위험한 감염이 일어날 일이 줄었으리라는 설명이다. 인간이 불 사용법을 알면서 털이 골칫덩어리가 됐다는 이론도 있다. 털이 없어야 불을 피우다 자기 몸에 불이 붙을 가능성이 줄어든다는 말인데, 이 주장은 좀 설득력이 없는 것 같다.

털에 대해서는 밝혀진 사실보다 아직 모르는 것들이 훨씬 많다. 왜 어떤 털은 곱슬곱슬하고 어떤 털은 곧게 자라는지, 비듬은 왜 있는지, 음모가 왜 그렇게 꼬불꼬불한지는 과학적으로 풀리지 않은 수수께끼다.

모든 털은 기본 생물학적 특성이 같다. 털은 피부 깊숙한 곳에 자리한 모낭에서 자란다. 세포 분열과 증식이 일어나는 모낭에는 모유두가 있고, 여기서 우리가 치약을 짜내는 것과 비슷한 방식으로 털이 밀려 나온다. 털은 겨울보다 여름에 더 빨리 자란다.

털은 전문 용어로 각질중층편평상피다. 중층은 미세한 털이 여러 층이라는 뜻이고 편평은 세포 표면이 납작하다는 의미다. 각질상피는 동물의 여러 조직 중 케라틴으로 이루어진 것을 가리킨다. 케라틴은 모발, 손톱, 사람의 손·발톱과 동물의 발톱, 발굽처럼 단단하면서도 유연한 부위의 바탕이 되는 아주 멋진 섬유 단백질이다.

털은 생화학적인 활성이 없으므로 엄밀히 말하면 죽은 조직이다. 그러나 한 가닥을 분리해 횡단면을 보면 총 3개의 동심원이 나타난다. 중심에는 연하고 약한, 형태가 상대적으로 불분명한 모수질이 있고 이를 두 번째 층인 피질이 감싼다. 피질은 털 가닥에 힘과 형태를 주고 (멜라닌 비율에 따라) 색깔을 좌우한다. 가장 바깥쪽 큐티클 층에는 수분을 흡수하지 않는 기름진 지질이 분자 1개 두께로 한 겹을 이룬다.

털은 아주 근사하고 별난 주기에 따라 자란다. 우리 몸에 난 모든 털은 여러분이 지금 이 글을 읽는 순간에도 총 세 단계로 이루어진 발달 과정 중 한 단계를 지난다. 털이 자라는 긴 성장기와 모낭이 수축하고 성장이 중단되는 짧은 퇴행기, 있던 털이 빠지고 새로운 털이 자라는 휴지기다.

머리카락

우리 두피에는 10만~15만 가닥의 두껍고 긴 털이 붙어 있다 (음모와 겨드랑이털, 턱수염도 두껍다). 머리카락 한 가닥은 0.017 ~0.018mm 두께다. 몸의 다른 모든 모낭과 마찬가지로 머리 의 모낭 역시 매 순간 성장기와 퇴행기, 휴지기 중 한 단계를 지난다. 차이가 있다면 모발의 성장기는 대부분 다른 모낭보 다 긴 6년 정도라는 점이다. 이 성장기에 머리카락이 하루에 약 0.4mm, 한 달에 1cm씩 자란다.*

성장기가 끝나면 2주간 퇴행기가 오고, 다음으로 휴지기 가 6개월 정도 이어진 후 다시 모발이 자란다. 모발이 자랄 수 있는 최대 길이는 일반적으로 약 1m로, 성장 주기에 따라

---

* 사람마다 한 달 기준 0.6~3.4cm까지 범위는 다르다. 두꺼운 모발이 얇은 모발 보다 더 빨리 자란다.

보통 이 정도가 되면 떨어져 나오기 때문이다. 그렇지만 평생에 걸쳐 8m까지 기를 수 있다.

모발은 건강과 젊음의 지표이자 하위문화를 드러내는 상대 지표이기도 하다.* 또 이성의 호감을 끌어내는 데도 활용된다. 인류는 수천 년 전부터 머리 모양에 집착해 왔다. 2003년 아일랜드 클로니캐번의 한 토탄 지대에서 잘 보존된 철기 시대 남성 사체가 발견됐는데, 손질한 머리 모양이 그대로 남아 있었다. 머리카락을 위로 올려 머리 끈과 스페인 북부 또는 프랑스 남서부에서 들여온 식물 오일, 소나무 송진으로 만든 헤어젤로 고정했다.

비듬

전체 성인의 절반 정도는 머리에 비듬이 있다. 비듬이 왜 생기고 어떻게 없앨 수 있는지 정확히 아는 사람은 아무도 없다. 비듬 제거에 도움이 된다고 주장하는 제품에 관심을 보이

---

*   현재 내가 속한 하위문화는 '추레한 괴짜'다. 20대 때는 펑크족과 자유분방한 젊은 귀족, 록 밴드 레드 제플린(Led Zepplin)이 주도한 세기말의 감성을 한껏 살린 여자 같은 남자가 되려 노력했다. 그중 괜찮았던 건 하나도 없다.

면 엄청나게 많은 돈을 쓰기 십상이다. 지루성 피부염(두피뿐만 아니라 코와 눈썹 주변이 붉어지고 가렵다면 이 문제일 가능성이 있다)이 생기면 비듬이 특히 심해진다. 말라세지아(Malassezia)라는 효모와 관련 있다고도 하는데, 이 역시 원인이 밝혀지지 않았다. 우리가 아는 건 기본적으로 피부 세포가 과잉 생산되어 떨어져 나오는 것이 문제이고 케라틴 단백질로 이루어졌다는 점이다. 콜타르와 항진균성 샴푸가 가장 효과적인 치료법으로 여겨진다.

탈모

남성은 30세 미만 4분의 1, 45세 미만 절반, 여성은 50세 미만 4분의 1이 탈모를 겪는다. 탈모로 고생하는 영장류는 단 두 종뿐이다. 사람과 구대륙원숭이인 짧은꼬리마카크다. 탈모인도 털이 많은 사람과 모낭 수는 같지만, 모낭이 제기능을 하지 못하고 아무 색이 없는 얇은 털을 만든다는 차이가 있다. 남성형 탈모는 얼굴 주변과 정수

리 탈모로 시작해 전체적으로 머리카락 숱이 준다. 이는 남성의 특징을 만드는 안드로겐 호르몬의 변화와 유전적인 이유로 일어난다. 여성형 탈모는 대체로 두피 전체에서 모발이 전반적으로 가늘어지는데 원인은 수수께끼로 남아 있다. 예측할 수 없는 방식으로 국소적으로 일어나는 원형 탈모증은 이 둘과는 조금 다르다.

몸털

몸에 털이 겨우 500만 가닥뿐인 우리는 포유동물을 통틀어 가장 복슬거리지 않는 동물이지만, 그래도 온몸에 매우 다양한 털이 자란다. 그중 자궁에 있을 때 아주 잠깐 생겨 먹기도 하는 털이 있다. 인체에 맨 처음 생기는 이 배냇솜털은 두껍고 무색으로, 수정 후 12~16주에 자라기 시작한다. 보통 출생 한 달쯤 전에 자궁에서 양수에 씻겨 떨어지지만, 태어나서도 몇 주 동안 몸 곳곳에 남을 수도 있다.

태아는 자궁에서 양수를 마시므로, 몸에서 나온 털도 종종 먹는다. 아기가 태어난 직후 부모를 가장 먼저 당황하게 만드는 태변에도 이렇게 먹은 털이 들어 있다. 태변을 본 부모는 앞으로 닥칠 육아가 기저귀 광고처럼 말끔할 수 없을 것임을 확실히 알게 된다.

태어나 몇 개월이 지나면 아기의 몸 거의 전체에 연모(솜털)가 자란다. 가늘고 짧은(2mm 미만) 이 솜털은 손바닥과 발바닥, 입술과 같은 부위를 제외한 전신에 나타난다. 신기하게도 솜털 모낭은 피지샘과 연결되지 않는다.

사춘기부터 시작해 그 이후에는 안드로겐 호르몬의 영향을 받아 억센 털이 난다. 남성 털이 여성보다 굵고 전신에 더 광범위하게 자란다. 이 시기에 얼굴 털, 음모, 다리와 겨드랑이, 눈썹, 가슴, 엉덩이, 생식기와 어깨 전반에 다양한 수준으로 나타난다. 다리털은 지속 기간이 약 2개월로, 자라는 기간이 (6년 정도인 머리카락에 비해) 비교적 짧다. 겨드랑이털은 그보다 긴 6개월 단위로 자란다.

털 탐구

2018년의 한 연구는 인체 모낭에서 어떻게 곱슬곱슬한 털과 직모 중 하나가 자라는지 밝히려 했으나 결론을 내지 못했다. 그러니 그 문제를 질질 끌어 여러분의 시간을 낭비할 생각은 없다. 연구진은 털줄기가 동그라면 직모가 자라고 타원형이면 곱슬곱슬한 털이 자란다는 사실을 확인했지만, 그 이유는 모른다.

널리 알려진 이야기와 달리 우리 몸의 털을 자르고, 뽑고, 면도해도 모근에는 아무 영향도 주지 않는다.

다모증은 털이 원래 많지 않아야 할 부위에 과도하게 자라는 것이다. 여성인데 일반 남성처럼 가슴이나 얼굴 등에 털이 굵게 자라는 것은 남성형털과다증이라고 한다.

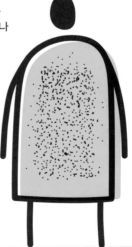

코털과 귀털

코털

내 코에서는 길고 두꺼운 털이 무성하게 자란다. 그래서 재채기가 과도하게 터지지 않도록 늘 코털을 다듬어야 한다. 코털 모낭은 머리카락 모낭에 비해 성장 주기가 비교적 짧은 데도 평생 자라는 코털 길이는 2m쯤 된다.

코털은 원치 않는 물질(먼지, 꽃가루, 파리, 휘핑크림, 그와 비슷한 것들)이 폐까지 닿지 않도록 거르는 기능을 한다고 알려져 있다. 하지만 여성도 분명히 폐가 있는데 평균적으로 코털이 남성보다 적다는 사실을 떠올리면 이 이론의 기반이 흔들린다. 그게 사실이라면 여성의 폐는 먼지와 꽃가루, 파리로 꽉 차야 하는데도 다들 멀쩡히 잘 살아 가니 말이다. 그런데 건초열이나 다른 계절성 알레르기에 시달리는 사람 중에 코털이 많은 사람은 천식이 생길 확률이 낮다는 탄탄한 근거가 확인된 걸 보면, 코털이 이물질을 거르는 기능을 잘 수행함을 알 수 있다.

귀털

귀에서 자라는 털은 다른 털들과 영 딴판이다. 귀털은 귀 대부분을 덮는 솜털(182쪽 참고)과 귀 바깥쪽 아래, 귓바퀴에서 자란다. 남성의 털이 더 굵다. 꼬마들을 겁먹게 만들고 귀를 따뜻하게 하는 것 외에 귀에 난 털이 대체 무슨 기능을 하는지는 알 수 없다. 인도 남성 중에는 유독 귓바퀴에 털이 두드러지게 자라는 사람이 있다. 귀털이 가장 긴 기네스 세계기록 보유자는 인도의 식료품업자 라드하칸 바자파이(Radhakant Bajpai)로, 2003년 측정 당시 13.2cm였고 2009년 인터뷰에서 다시 쟀을 때는 25cm에 이르렀다.

코털을 뽑으면 엄청나게 고통스러울 뿐 아니라 털이 속으로 자라는 내생모가 생겨 상황이 더욱 고약해질 위험이 있다. 또 코털을 뽑을 때마다(또는 코를 너무 세게 후빌 때마다) 비강과 가까운 곳에 작은 상처가 생기므로 감염의 위험도 있다. 비염으로 번지면 굉장히 괴로워지니 절대 뽑지 말고 지저분한 물질을 거르는 필터라고 생각하면서 무성해도 그냥 두는 게 가장 좋다.

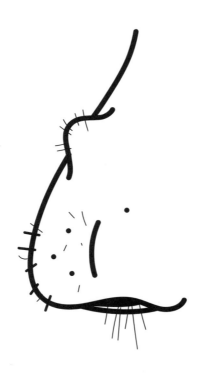

겨드랑이털

겨드랑이털도 음모처럼 사춘기에 자라는데 액모라고도 불린다. 진화의 관점에서 겨드랑이털이 어떤 역할을 하는지는 밝혀진 게 거의 없지만, 겨드랑이와 가슴 사이에 층을 형성해 피부가 쓸리는 것을 줄인다고 여겨진다(하지만 면도해도 딱히 문제가 생기지는 않는다). 성장 주기가 6개월이라 아주 길게 자라지는 않는다.

겨드랑이의 아포크린 땀샘에서 생성되는 땀은 지방 비중이 높다. 이 땀을 먹고사는 세균은 다양한 냄새를 만들고, 이는 겨드랑이털을 통해 외부로 전해진다. 사람마다 겨드랑이털에서 나는 냄새는 다양하며, 이성의 관심을 끄는 요소가 되기도 한다. 페로몬도 이곳에서 만들어진다고 한다(인체에도 페로몬이 있는지, 인간이 서로의 페로몬을 인지하는지 입증할 근거는 거의 찾을 수 없다, 195쪽 참고).

　여러분처럼 나도 힘들고 스트레스가 심한 하루를 마친 날 내 겨드랑이에서 나는 냄새를 굉장히 소중히 여기지만, 우리 식구의 몸에서 나는 냄새까지 좋아하지는 않는다. 2018년 실시한 연구에서는 여성에게 연인이 입은 셔츠의 냄새를 맡게 한 후 특정 시험을 치르게 하자 시험 스트레스를 덜 느꼈다는 결과가 나왔다. 하지만 냄새가 영 반갑지 않은 사람도 있게 마련이다.

　2016년 연구에서는 남성이 겨드랑이털을 면도하면 24시간 동안 몸내가 대폭 줄어드는 것으로 나타났다. 여성의 생리주기 중 생식 기능이 가장 활발해지는 기간에는 테스토스테론 수치가 높은 남성의 몸내를 더 매력적이라고 느끼고, 남성은 그 기간에 여성의 몸내를 가장 좋다고 느낀다는 사실도 여러 연구에서 밝혀졌다.

얼굴 털

남성의 얼굴 털은 생리학적으로 아무 기능 없이 테스토스테론의 영향으로 자라는, 별난 특징이다(고릴라와 침팬지의 얼굴 털은 성장하면서 굵어지는 게 아니라 얇아진다). 턱수염의 모양과 굵기는 주로 EDAR이라는 유전자로 좌우된다. 턱수염이 생기는 건 2차 성징의 하나이므로 생식 기능의 기본이라 할 수 있지만, 사실 턱수염은 사슴의 뿔이나 사자 갈기, 공작 꼬리처럼 성 선택의 결과물이다. 즉 남성이 자손에게 물려줄 강한 유전자를 가졌음을 여성에게 보여 주는 일종의 장식이다.

그럼 중요한 질문이 떠오른다. 여성은 남성의 턱수염을 좋아할까? 2014년 학술지 〈생물학 회보(Biology Letters)〉에 발표된 연구에 따르면, 여성의 턱수염 선호도는 '빈도 의존성 반대 경향'이 나타났다. 즉 남성 대다수가 얼굴 털을 깨끗이

면도하면 턱수염이 난 남성을 선호하고, 대다수가 턱수염을 기르면 깨끗이 면도한 남성을 선호한다는 뜻이다.*

보통 그렇다.

---

* 2013년 실시한 연구 결과에서는 이와 다르게 여성이 수염이 텁수룩한 남성을 매력적이라고 여기며 생리 주기에서 생식 기능이 가장 활발할 때 특히 턱수염에 큰 매력을 느끼는 것으로 나타났다.

눈썹과 속눈썹

눈썹

인간에게 눈썹이 있는 이유는 아직 확실하게 밝혀지지 않았다. 눈썹은 인류의 조상 시대부터 땀과 비가 눈에 들어가지 않도록 막는 기능을 해 왔다. 햇볕을 차단할 가능성도 있다. 이 이론이 터무니없다고 생각될 수 있지만 인류의 조상 중 눈썹 뼈가 멋지게 두드러지고 이마는 사실상 없다시피 한 하이델베르크인을 보면 말이 안 되는 소리는 아님을 알 수 있다. 하이델베르크인의 눈썹 뼈는 정말 야구모자 같은 기능을 했다.

하지만 이후 인간의 눈썹은 아주 작아졌고, 야구모자에 털이 있어 봐야 별 쓸모가 없듯이 아무 기능도 없어 보인다. 그런데도 아직 눈썹이 남은 이유는 무엇일까? 눈썹은 놀랍도록 강력한 소통 도구로, 우리는 메시지를 눈썹을 통해 아주 미묘한 범위까지 전달할 수 있다. 상대적으로 굉장히 넓고 탄력 있는 피부를 여러 근육이 조절하는 이마와 더불어, 집약적인 의사 표현과 복잡한 감정 전달에 매우 유용하게 쓰인다.

〈모나리자〉 그림을 떠올려 보라. 그림 속 얼굴이 무슨 표정인지 헷갈린다. 애정 어린 건가 아니면 깔보는 건가? 화장실에서 시원하게 볼일을 볼 수만 있다면 하루가 훨씬 행복할 텐데 같은 생각을 하는 건가? 단지 눈썹 하나만 없을 뿐인데 명확하게 알 수가 없다. 이정표처럼 감정을 숨김없이 드러내는 눈썹을 없앤 건 레오나르도 다빈치(Leonardo da Vinci)의 천재성을 보여 준다. 눈이 마음의 창이라면 눈썹은 감정의 창이다.

속눈썹

속눈썹은 눈썹과 달리 확실한 보호 기능을 발휘한다. 윗눈꺼풀에는 구부러진 속눈썹이 한 겹에 90~160개씩 대여섯 겹으로 있다. 아래쪽에는 속눈썹 75~80개로 된 층이 서너 겹을 이룬다. 속눈썹 모근에는 외부 자극에 반응하는 기계수용체가 있어 접촉에 굉장히 민감하다. 파리나 아주 작은 먼지 같은 이물질이 닿아 이 수용체가 활성화되면 반사적으로 눈을 깜박인다.

속눈썹은 기체역학적으로도 놀라운 기능을 수행한다. 안구를 필름처럼 덮은 눈물의 증발 속도를 늦추고, 안구에 닿는 입자의 양을 줄인다. 인공 바람 장치를 이용해 시험한 연구에서 눈썹의 최적 길이는 눈 너비의 3분의 1로 확인됐다.*

* 속눈썹에 엄청나게 신경 쓰는 내 딸 포피에게 제발 누가 이 사실을 좀 말해 주었으면 좋겠다. 10대답게 내 말은 절대 안 듣는다.

음모

인간에게 왜 털이 적은지 명확하게 알 수는 없는데(181쪽 참고), 더 골치 아픈 특징까지 있다. 바로 생식기 주변에서 쑥쑥 자라는 수수께끼 같은 음모다. 영장류는 대부분 생식기 주변에 고운 털이 자라는데 왜 우리는 희한하게 꼬불꼬불한 털이 나는지는 인류 진화의 풀리지 않은 여러 의문 중 하나다.

음모는 굵은 털로 이루어지며 성숙기*에 호르몬 생산량이 늘면서 자라기 시작한다. 의사소통이 주로 으르렁거리는 소리로 이루어지던 먼 옛날에는 자신이 성숙기에 이르렀으니 짝이 되면 서로에게 진화적으로 도움이 되리란 사실을 드러

---

* 내 딸 데이지와 포피는 부모님이 처음 술집에 데려가는 나이가 성숙기라고 주장하지만 그건 사실이 아니다. 인체가 생식 활동이 가능한 성인으로 자라는 시기가 성숙기다.

내는 시각적인 지표 역할을 했을 가능성이 있다.

음모가 섹스 중에 두 사람의 생식기 간 마찰로 피부가 쓸리는 현상을 줄인다고 이야기하는 사람도 있고(반면 그 마찰이야말로 최고라고 하는 사람도 있다), 음모가 적당히 나면 페로몬이 머무르고 증폭되어 이성의 관심을 끈다는 주장도 있다. 이 페로몬 이론에는 몇 가지 허점이 있다.

① 인간의 페로몬 분자는 발견된 적이 없다
② 정말 페로몬이 존재해도 인간의 후각으로 느낄 수 있는지는 알 수 없다
③ 개와 고양이, 그 외 여러 포유동물이 페로몬을 감지할 때 활용한다고 여겨지는 보조 후각기관인 보습코기관이 인체에는 없다

음모가 먼지와 땀을 붙드는 기능을 하는 건 사실이며, 개방 구조라 병원체가 유입되기 쉬운 남성의 생식기나 여성의 질로 그런 물질이 유입되지 않도록 효과적으로 막을 가능성이 있다. 또 음모는 생식기 체온을 보존한다. 썩 유용한 기능

이기는 한데, 다른 영장류는 우리 같은 음모가 없어도 체온을 잘만 유지하는데 왜 우리만 이게 필요한지는 모르겠다.

음모 탐구

음모가 쓸모없다는 사실은 충분히 살펴봤으니 이제 인조 음모를 생각해 보자. 일종의 생식기 가발인 인조 음모는 원래 매춘부가 성병 흉터를 가리거나 이가 생기지 않도록 음모를 면도한 사실을 숨기는 용도로 사용했다. 이제는 배우가 벌거벗고 등장하는 장면에서 사실 크게 중요하지는 않아도 심리적으로는 큰 의미가 있는, '그 부위에 털이 수북한 사람'임을 보이고 싶거나 먼 옛날 인류의 자연스러운 모습을 재현할 때 많이 쓴다. 배우들 역시 면도기로 그 부위의 털을 싹 밀어 버렸다는 사실을 감추기 위해 인조 음모를 사용하기도 한다.

손톱과 큐티클

2014년 쉬리다르 칠랄(Shridhar Chillal)이 세계에서 가장 긴 손톱을 가진 사람으로 기네스 세계기록을 세웠을 때 왼손의 손톱 길이는 모두 합쳐 909.6cm로 측정됐다. 엄지손톱 길이만 197.8cm로, 동그랗게 바짝 말려 있었다. 현실적으로 가장 깨기 힘든 세계기록이 분명하다.

손발톱은 자궁에 있을 때인 생후 약 20주부터 발달한다. 손발톱 뿌리의 활성 조직인 바탕질(조근[爪根])에서 만들어지

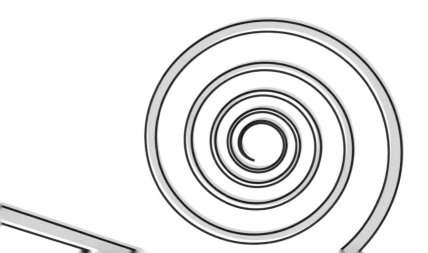

는 단단하면서도 유연한 케라틴 단백질로 이루어진 세포가 손발톱이 된다. 새로운 세포가 만들어지면서 기존 세포가 앞으로 밀려 나가 손발톱 판이 형성된다. 손발톱 아래에는 혈관이 많아 손발톱 판에 자체적으로 영양을 공급한다. 신경도 많은 부위라 살 부분이 찢기거나 베이면 큰 통증을 느낀다. 손톱이 자라는 속도는 한 달 평균 3.5mm이고, 발톱은 그보다 느린 1.6mm다.

죽으면 손발톱은 더 이상 자라지 않는다. 그런데 죽은 뒤에 피부 수분이 마르고 손발톱 주변 피부가 수축해 마치 손톱이 계속 자라는 것처럼 보이기도 한다.

자기 몸을 먹는 행위

나는 항상 손톱 주변을 물어뜯는다. 때로는 아프고 피가 날 때까지 그러기도 한다. 이는 피부포식증으로도 불리는 자기식인(자기 자신의 몸을 먹는 행위)이다. 이러한 행위에 특별한 패턴은 없는 것으로 추정된다. 내 경우 지루하거나 스트레스를 받을 때 물어뜯지만 그렇지 않을 때도 똑같이 한다. 그저 손톱 주변을 물어뜯는 게 너무, 정말 너무 재미있다. 큰 덩어리를 뜯어내면 엄청난 만족감을 느끼는데 곧 이제 몇 주 동안 아프겠구나 하는 생각이 떠오르면서 내가 얼마나 멍청한 짓을 했는지 깨닫는다. 희한한 건 손톱은 물어뜯지 않는다는 것이다. 손톱을 뜯는 건 정말 이상한 행동이라고 생각한다.

우리는 누구나 어느 정도는 자기 몸을 먹는 행위를 한다. 실제로 침과 콧물, 혀와 볼 안쪽에서 떨어져 나오는 죽은 세포 등 인체에서 만들어지는 굉장히 다양한 물질을 삼키니 말이다. 베인 상처에서 나오는 피를 빨아먹거나 딱지를 떼서 먹는 사람도 있다. 하지만 이런 행위에 가장 진심인 동물은 자기 몸의 약 3분의 2를 먹는 북아메리카 검정구렁이일 것이다. 우리 집 개와 고양이가 서로의 꼬리를 정신없이 쫓아다니는 모습을 볼 때면, 나는 늘 저 싸움이 어디까지 갈 수 있을까 궁금해진다.

혀 털

혀에 검은 털이 자라는 현상(설모증)은 놀랍게도 전체 인구의 13%에서 나타날 정도로 흔하다. 혀 표면에서 색이 짙고 털과 비슷한 것이 목구멍 쪽을 향해 자라는데, 이는 사상유두(혓바닥의 표면에 있는 돌기)의 과도한 성장이 원인이다. 젖꼭지와 비슷한 원뿔 모양의 사상유두는 촉각에 반응하는데, 표면에 붓처럼 가는 실 같은 것이 덮여 있다.

혀 전체에서 발견되는 이 사상유두에 미각을 감지하는 기관은 전혀 없다. 원래는 혀에서 1mm 높이로 자라지만, 그보다 더 길게 자라기도 하며 특히 혀 뒤쪽에서 그런 현상이 나타난다. 양치질이나 혀의 일반 기능으로 마모되지 않으면 그 상태로 남는다. 이렇게 과도하게 자란 사상유두가 유난히 길어지면 꼭 혀에 털이 난 것처럼 보인다(사실 털과 똑같이 케라틴으로 이루어졌다). 길게 자란 사상유두에는 세균과 음식물, 효모가 붙들리기도 하는데, 미생물의 종류에 따라 그 부위 피부색이 검은색, 흰색, 갈색, 심지어 녹색으로 변한다.

이 현상은 양치질을 제대로 하지 않거나 항생제나 다른 약물을 장기간 복용하는 두 가지 원인으로 발생한다고 추정된다. 드물지만, 입내(234쪽 참고)가 생길 수도 있다. 보통은 칫솔이나 혓바닥 긁는 도구로 닦으면 쉽게 제거된다.

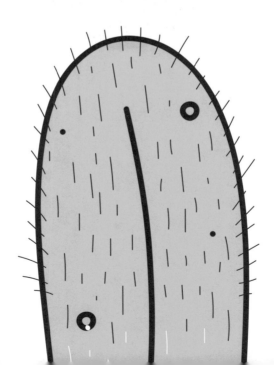

6장

우리 몸에
함께 사는
식구들

세균

우리는 절대 혼자가 아니다. 우리 몸 안팎에 세균이 바글바글 살기 때문이다. 얼마나 많냐면, 사람 세포보다 세균이 더 많을 정도다. 체중이 70kg인 사람은 약 30조 개의 세포로 이루어지는데(이 중 대부분인 85%는 적혈구다), 세균과 바이러스, 진균은 약 39조 마리다.*

이러한 미생물이 사람마다 다른 미생물 환경, 즉 건강의 핵심이자 질병(그리고 냄새)의 근원이 되는 미생물군을 이룬다. 미생물이 차지하는 공간은 인체 세포에 비해 극히 작다. 생존 기간도 평균 20분 정도에 불과하며 전부 합쳐도 무게가

* 과거에는 세포와 10:1의 비율일 정도로 인체 세균이 훨씬 더 많다고 여겼다. 그러다 2016년 이스라엘 와이즈먼 과학연구소의 론 밀로(Ron Milo)와 론 센더(Ron Sender), 캐나다 토론토 어린이병원의 샤이 푹스(Shai Fuchs)의 연구를 통해 재평가되었다.

200g 남짓이다. 하지만 무서운 속도로 증식하며 몸 어디에서나 불쑥 나타난다. 가장 밀집한 곳은 장이다. 피부에도 200종에 달하는 다양한 미생물이 1cm²당 10만 마리씩 산다.

세균은 1676년 네덜란드 상인 안톤 반 레벤후크(Anthonie van Leeuwenhoek)가 현미경으로 빗물을 관찰하다 처음 발견했다. 빗물 속에서 꿈틀대는 아주 작은 무언가를 발견한 그는 '극미동물(극히 작은 동물)'이라는 귀여운 이름을 붙였다. 1844년이 되어서야 아고스티노 바시(Agostino Bassi)가 세균은 전혀 귀엽지 않으며 병도 일으킨다는 사실을 밝혀냈다. 1876년에는 로베르트 코흐(Robert Koch)가 탄저균을 확인해 세균이 인체에 병을 일으킨다는 사실을 증명했다.

단세포 생물인 세균은 보통 막대기나 동그란 구 모양이다. 대부분 해가 되지 않고 심지어 좋은 영향을 주기도 한다. 특히 장에 서식하는 세균은 소화를 돕는다(장내 미생물이 분해하는 음식물의 양은 우리가 섭취하는 열량의 10%로, 장 기능만으로는 다 처리할 수 없다). 현재까지 발견된 100만 종이 넘는 미생물 중 인체에 병을 일으키는 종류는 1,500종 미만이다. 콜레라, 장티푸스, 페스트, 결핵균 같은 병원균은 다량 증식하면 무서운 결과를 가져온다. 인간의 사망 원인 중 약 3분의 1은 미생물이 차지한다.

우리는 스스로 세균을 퍼뜨리는 탁월한 재능을 가졌다. 한 시간마다 평균 16회씩 얼굴을 손으로 만지는 행위는 환경에 존재하는 미생물을 몸의 각종 구멍으로 들이고 얼굴 미생물을 밖으로 내보내는 데 한몫한다. 균들은 아주 까탈스러워 몸의 특정 부위를 서식지로 삼는 경향이 있다. 그래서 몸의 부위마다 다른 종류의 세균이 발견된다.

세균이 가득한 몸

우리 몸 전체에 서식하는 미생물 종류는 추정치가 다양하지만 대략 4만 종으로 여겨진다. 그중 몇 가지를 만나 보자.

두피	비듬은 대부분 프로니오니박테리움(Propionibacterium)과 포도상구균의 균형이 깨질 때 생긴다.
입	충치균(Streptococcus mutans)은 당류를 산으로 바꾼다. 이렇게 생긴 산은 치아의 에나멜을 망가뜨려 충치를 유발한다. 하지만 충치균은 잇몸에만 1,300종, 볼 안쪽에

800종에 달하는 세균 중 하나에 불과하다.

코

콧구멍에는 약 900종의 세균이 있다.

피부

모공과 모낭에 최소 200종의 세균이 서식한다. 그중 프로피오니박테리움 아크네(Propionibacterium acnes)는 여드름을 유발할 수 있다.

겨드랑이

호미니스 포도상구균(Staphylococcus hominis)은 땀과 만나면 티오알코올이라는 냄새가 지독한 물질을 만든다.

질

주로 젖산을 만드는 젖산균 여러 종류와 더불어 질염을 일으키는 칸디다 알비칸스(Candida albicans) 균류가 서식한다.

장

인체 미생물군의 대다수가 장에 산다. 약 3만 6,000가지다.

대변

고체로 된 노폐물의 약 30%는 죽은 세균이다.

발

표피 포도상구균(Staphylococcus epidermidis)은 오래된 스틸턴 치즈 같은 냄새를 풍기는 이소발레르산과 늘 함께하는 것으로 보인다.

곰팡이

곰팡이와 효모는 모두 균류다. 둘 다 우리가 사는 환경 어디든 존재하지만, 인체에서는 주로 피부와 장, 호흡관, 비뇨생식관에 영향을 준다.

우리에게 익숙한 효모 감염은 질염과 백선이다. 칸디다 (Candida)에 속하는 효모는 장에서도 발견되는데, 장에는 아무런 해도 끼치지 않는다.

진균은 세포벽이 굉장히 단단해 없애기가 어렵다. 대략 300종의 진균이 인체에 비교적 경미한 감염을 일으킨다(면역력이 결핍된 환자는 문제가 심각해질 수 있다). 진균은 보통 식물계에서 훨씬 심각한 문제가 되지만, 중증 수막염의 원인인 크립토코쿠스 네오포만스(Cryptococcus neoformans), 두통과 호흡기 손상을 유발하는 스타키보트리스 카르타룸(Stachybotrys chartarum), 눅눅한 방의 벽을 타고 스멀스멀 자라는 곰팡이(학창 시절 내가 살던 기숙사 방의 벽에도 있었는데 우리는 이를 '집주인'이라 불렀다)는 예외다.

기생충
(놀랄 수 있으니 주의할 것)

전 세계 모든 어린이가 가장 두려워하는 악몽은 무엇일까? 바로, 피부에서 피와 고름으로 뒤덮인 기생충이 기어 나오는 꿈일 것이다. 이런 일이 생긴다면 여러분은 어떻게 할 생각인가? 머리를 붙잡아 잡아당길까? 기생충이 두 동강이 나서 절반이 몸속에 영원히 남더라도?

체내에서 발견되는 기생충은 말라리아를 일으키는 단세포 원생동물의 일종인 열원충(Plasmodium)에서부터 거대한 조충에 이르기까지 다양하다.

말라리아 원충에 감염된 얼룩날개모기속(Anopheles) 모기에 물리면 말라리아에 걸리는데 이는 현재까지 알려진 가장 무서운 기생충 감염 질환이다.

그보다는 덜 치명적이어도 혐오감 면에서 훨씬 강력한 종류는 최대 9m까지 자라고 20년을 사는 조충 같은 기생충일 것이다. 용선충(Dracunculus)이라는 인상적인 이름을 가진 선충은 1m까지 자라는데(기니충으로도 불린다), 밖으로 머리를 삐죽 내밀어도 절대로 뽑아내서는 안 된다. 그랬다가는 이 선충에서 강력한 항원이 나와 아나필락시스 쇼크(과민반응)에 빠져 사망에 이를 수 있다. 막대기를 하나 준비해 거기에 감기도록 만든 후 매일 몇 cm씩 살살 빼내는 방식으로 제거해야 한다.

모낭진드기
(놀랄 수 있으니 주의할 것)

오, 신이시여! 이건 정말 다들 기겁하는 존재다.

모낭진드기(Demodex folliculorum)는 다리가 8개인 거미강 진드기로, 주로 얼굴 모낭 속에 산다. 성인 대부분은 얼굴 피부 1cm²당 이 진드기가 0.7마리씩 존재한다. 얼굴이 붉어지는 주사(酒皶)를 앓는 사람은 그 수가 훨씬 더 많아, 같은 면적에 약 12.8마리가 있기도 한다. 지금도 여러분의 얼굴에서 모낭진드기가 속으로 들어갔다가 올라왔다가 하며 돌아다닐 것이 거의 확실하지만, 몸 최대 길이가 0.4mm라 눈에 보이는 경우는 드물다. 모낭진드기는 수명이 2주 정도이며 대부분 밤에 짝짓기를 위해 이동한다(최대 이동 속도가 시간당 8~16mm다). 짝짓기를 끝내면 다시 모낭으로 비집고 들어온 후 머리가 아래로 향하도록 누워 온종일 영양을 섭취한다. 모낭진드기의 먹이는 모낭세포와 모근의 피지샘에서 나오는 기름진 피지다. 그래서 대체로 기름진 털이 많은 눈썹과 속눈썹은 물론 코, 이마, 볼 주변을 좋아한다.

여기까지 듣고 정말 역겨운 기분이 들었다면, 다음 내용은 마음을 더 단단히 먹고 읽어야 한다. 모낭진드기는 항문이 없다. 장점은 그래서 온종일 우리 얼굴에 똥을 싸지는 않는다는 것이고, 단점은 죽을 때까지 배가 계속 부풀다가 죽어 분해되면 그 속의 엄청난 양의 똥이 단번에 우리한테로 쏟아진다는 것이다.

다행히 진드기가 인체에 병을 일으키는 일은 드물다. 앞서 말한 주사와 관련이 있다고 여겨지지만, 모낭진드기가 원인인지 아니면 주사를 앓는 사람의 몸에서 유독 더 잘 자라는지는 불분명하다.

사면발니, 몸니, 머릿니
(놀랄 수 있으니 주의할 것)

사면발니

영어로는 '음모의 게(pubic crabs)'라고도 하는 사면발니 (Pthirus pubis)는 게와 아무 상관이 없지만 꼭 털 많은 게처럼 생겼다. 오로지 사람 몸에만 살고, 매일 피를 4~5회 섭취하면서 1.3~2mm까지 자란다. 성체가 된 후에는 한 달 정도 생존하는 동안 매일 알을 낳느라 바쁘다. 발톱이 음모의 두께에 맞도록 특수 적응이 일어나 주로 음모에서 발견된다. 하지만 항문 주위에서도 생존할 수 있고, 털이 많은 사람의 경우 그 밖의 여러 곳에서 나타난다.

사면발니의 타액이 인체 피부에 닿으면 굉장한 자극이 발생한다. 사면발니 감염이라는 불운을 겪으면 아랫도리가 엄청나게 가려울 확률이 높다. 그나마 다행인 건 사면발니가 병을 일으키는 경우는 드물다는 것이다. 휴.

사면발니는 보통 성교를 통해 퍼진다. 수건이나 침구를 함께 쓰는 사람에게 비난의 화살을 돌리는 무리수를 둘 수도 있지만, 그랬다가는 상대가 친구건 연인이건 역공을 당할 게 뻔하다. 사면발니에 감염된 사실을 알았다면 열흘 동안 참빗으로 이를 잡으며 명상하는 고통스러운 시간이 꼭 필요하다. 최근 성관계를 가진 사람에게 연락해 그 소식을 전하는 곤란한 절차도 밟아야 한다.

몸니

몸니(Pediculus humanus humanus)는 최대 4mm까지 자란다. 대부분 위생 환경이 좋지 않은 곳에서 다른 사람과 밀접하게 생활하는 사람에게서 발견된다. 사람 간 접촉이 몸니의 감염 경로로 많이 지적되지만, 명확한 근본 원인은 가난이다.

몸니는 옷에 살며 번식하다가 하루에 몇 번씩 피를 먹기 위해 몸에 붙는다. 암컷은 하루 최대 8개의 알을 낳는다. 사면 발니와의 차이점은 발진티푸스를 비롯한 병을 옮긴다는 것이다. 몸니가 물면 가려움이 동반되는 발진이 생기는데, 이 상처는 상태가 금세 나빠지고 감염을 일으킨다. 치료는 주로 몸을 잘 씻고 옷을 잘 세탁하는 등 위생 상태를 개선하는 방식으로 이루어지지만, 필요하면 이 살충제(이를 죽이는 약물)를 써야 한다.

머릿니

아이를 키우면서 갖는 즐거움 중 하나는, 어느 날 학교에서 받아 온 "같은 반 학생 중에 서캐가 생긴 아이가 있어요"라고 적힌 통지문을 내밀고는 엄마 아빠 중 누가 더 움찔하는지 눈을 동그랗게 뜨고 쳐다보는 일을 겪는다는 것이다. 당연히 나는 아무 미동도 하지 않는다.

머릿니는 몸길이가 2~3mm이며 뛰어오르거나 날지는 못하지만 머리카락의 털 줄기 맨 아래쪽에 다리를 붙일 수 있다. 머릿니는 인간이 계발한 각종 퇴치법을 이겨 내며 진화했다. 물에 오랫동안 담가도 살아남는데, 그래도 머리카락을 물에 적시면 머릿니가 이동하지는 못한다. 빗으로 제거하는 게 최선이나(너무 고통스러운 방법이기도 하다), 결국 약국에 가거나 의사가 권하는 비싼 약을 사게 된다. 다른 부모도 다 그런다.

빈대
(놀랄 수 있으니 주의할 것)

빈대(cimex lectularius, 열대빈대는 cimex hemipterus) 역시 반갑지 않은 존재다. 사람의 피만 먹고사는 빈대는 우리가 잘 때 피를 얻는데, 놀라울 정도로 오래 산다. 암컷은 하루에 알을 2~3개씩 낳을 만큼 번식력이 강하다. 몸길이가 1~7mm이므로 작은 편은 아니다. 낮에는 침대 속이나 침대 주변의 틈에 숨어 있다가 주변이 어두워지면 먹이를 찾으러 기어 나온다. 어둡고 따뜻한 환경을 좋아해 그런 조건이 갖춰지면 밖으로 나오는 것이다.

빈대에는 항생제내성균(MRSA)을 비롯한 30여 종의 인체 병원균이 존재할 수 있는데, 그 병원균을 인체에 옮길 수 있는지는 명확하지 않다. 빈대에 물리면 피부 발진과 물집, 알레르기 반응이 나타날 수 있다. 물린 부위가 가렵기 시작하면

세게 긁다가 피부에 상처가 생기고 감염과 같은 2차 피해로 이어지기도 한다.

기생충 망상증이라는 말을 들어 보았는가? 기생충 감염을 끊임없이 두려워하고 혐오감을 느끼는 것으로, 정신적·심리적 원인으로 가려움증을 느끼는 '환촉' 증상이 동반된다.

빈대를 잡기 위해 매트리스와 침대를 교체하고, 고온에 침구를 세탁하고, 눈에 보이는 건 모조리 진공청소기로 없애는 시도를 해 볼 수는 있겠지만 사실 빈대는 완전히 없애기가 거의 불가능하다. 빈대의 생존력이 얼마나 강력하냐면, 성체는 아무것도 먹지 않고 최대 6개월까지 생존할 수 있다. 그러므로 치료는 빈대를 없애기보다 증상에 초점을 맞춘다. 그러니 우선 빈대와 친해지는 법부터 배워야 할지도 모른다.

우리 몸에 알을 낳는 곤충들
(놀랄 수 있으니 주의할 것)

거미가 사람 몸속에도 알을 낳을 수 있다고 말해 놀라게 만들고 싶지만, 짜증 나게도 그건 전혀 사실이 아니다. 하지만 파리 유충이 인체에 기생하는 일은 실제로 가능하다. 구더기증이라 불리는 이 문제의 주범은 쇠파리와 나사파리, 그리고 검정파리다.

구더기증은 열대 지역 시골에서 가장 많이 발생한다. 감염 방식도 다양하다. 피부 구더기증은 피부에 상처가 있으면 파리가 그곳에 알을 낳아 생기기에 열대 지역에서 전쟁이 나면 이 문제가 심각해질 수 있다. 구더기에 오염된 음식을 섭취하거나 구더기가 입이나 코, 귀로 들어오는 방식으로도 감염이 일어난다(외이도 구더기증은 심한 경우 구더기가 뇌로 들어갈 수도 있다). 안구 구더기증은 눈에 구더기가 감염되는 끔찍한

병으로, 주로 쇠파리로 인해 발생한다.

　파리가 숙주에 알을 낳으면 하루 정도가 지난 후 부화가 되어 구더기가 생긴다. 구더기는 피부에 상처를 내고 피하 조직으로 파고 든다. 상처로 인해 감염이 쉽게 되고, 숙주는 패혈증을 비롯해 다른 혈류 감염이 생길 위험성이 매우 높아 진다.

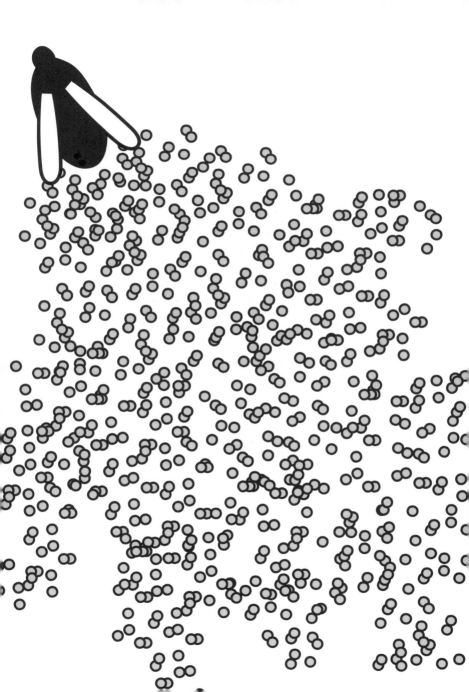

7장

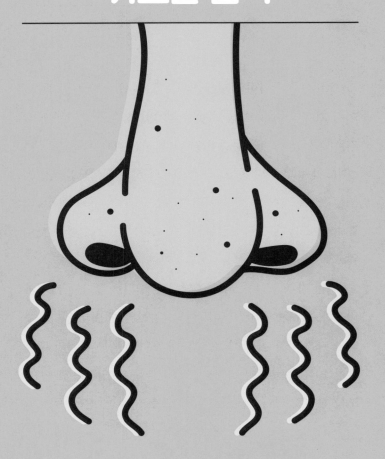

기묘한 감각

감각 지각과 민망함

　뇌와 바깥세상 사이의 접촉면이라 할 수 있는 감각 지각에는 여러 가지가 있다. 가장 뚜렷한 감각인 시각, 촉각, 청각, 후각, 미각뿐만 아니라 통증과 열 감각, 시간 감각(이건 그리 잘 느낀다고 할 수 없지만), 속도, 균형, 혈류의 산소와 이산화탄소 농도를 느끼는 감각과 고유 감각(팔다리, 근육의 움직임과 위치에 대한 감각)도 있다. 고유 감각이 있어 우리는 눈으로 발을 보지 않고도 계단을 올라간다.

　모든 감각 정보는 뇌로 전달된다. 단단한 정도가 스팸과 비슷하고 조용한 기관인 뇌는 아직 밝혀진 게 별로 없다.* 우리는 자기 뇌를 직접 볼 일이 절대로 없고 뇌는 우리의 주변 세상을 직접 볼 일이 절대로 없지만, 뇌는 유입되는 모든 정보를 분석해 자아, 사랑, 즐거움, 고통, 수치심, 믿음, 두려움,

의심, 그 밖의 우리가 느끼는 수많은 감각을 만든다.

공공장소에서 방귀를 뀌어서 민망해진 적이 있는가? 그런 민망함은 뇌의 전대상피질이라는 영역에서 생긴다. 메커니즘은 밝혀지지 않았지만, 대다수 심리학자는 민망함이 사회 질서를 유지하기 위해 진화했을 가능성이 크다고 본다. 얼굴이 붉어지거나 얼굴을 만지는 것, 눈을 내리끼는 것, 웃음이 나오려고 해도 참는 것처럼 민망할 때 전형적으로 나타나는 행동은 사회 규칙을 깨뜨린 사실을 스스로 인지하며 후회한다는 사실을 남들에게 알리고, 이로써 질서 강화 역할을 하는 것으로 밝혀졌다.

실제로 민망함을 느낀다는 사실을 드러내는 사람을 드러내지 않는 사람보다 많은 이들이 좋아하고, 용서해 주고, 신뢰한다는 연구 결과가 있다. 민망함 같은 감정이 인간이 사회

---

*   뇌에서 끊임없이 발생하는 약한 전기 신호를 통해 뉴런이라고 불리는 약 860억 개의 신경세포와 100조 개의 시냅스(뉴런과 뉴런의 연결 부위, 뉴런 하나는 이 시냅스를 통해 최대 1만 개의 다른 뉴런과 연결된다), 뉴런에 포함되지 않는 8,500만 개의 신경아교세포로 정보가 전송되고, 저장되고, 분석된다는 사실은 밝혀졌다. 뇌가 하루에 소비하는 에너지는 400칼로리(몸 전체가 소비하는 총에너지의 20%)다. 재미있는 사실은 뇌가 쓰는 에너지 양이 대중을 위한 과학책을 집필할 때나 돌처럼 꼼짝하지 않고 명상하면서 촛불만 응시할 때나 똑같다는 것이다.

적인 동물로 진화하는 데 도움이 된 유용한 도구인 건 분명하지만, 나는 이런 특징이 우리 모두를 어떤 테두리 안에 가둬 각자의 개성을 죽이는 것 같아 염려된다.

감각 탐구

모두가 세상을 같은 방식으로 느끼지는 않는다. 어떤 사람은 음악을 시각적으로 느끼거나 알파벳 글자나 요일을 색깔로 느끼는데, 이런 특이한 지각을 공감각(하나의 감각이 다른 영역의 감각을 일으키는 것–옮긴이)이라고 한다. 특정한 것을 보면 냄새를 느끼고 특정 단어에서 맛을 느끼는 사람도 있다. 한 연구에서는 전체의 약 4.4%가 공감각을 느끼는 것으로 나타났다.

우리는 상상만 해 볼 수 있는 감각을 실제로 보유한 동물의 이야기는 매혹적이다. 개는 자기수용 감각이 있어 지구의 자기장을 느끼며, 이를 토대로 큰일을 볼 때 몸을 남북 방향으로 놓고 자세를 잡는 경향이 있다. 소도 마찬가지다. 뱀 중에는 적외선을 보는 종류가 있고 일부 벌과 새, 물고기는 인간이 눈으로 보는 가시광선 영역을 넘어 자외선 영역까지 볼 수 있다. 우리는 존재조차 모르는 색까지 전부 본다는 의미다. 정말 멋지지 않은가.

몸내

사람마다 고유한 냄새가 몸 주변을 구름처럼 감싸고 있다. 몸내는 기체로 된 지문과 같아, 대부분 가까운 가족을 냄새로 찾을 수 있으며 부모는 일반적으로 아이 옷에서 나는 냄새로 자기 아이를 구분한다. 몸에서 나는 냄새는 건강 상태에 따라 달라진다(당뇨 환자는 가끔 과일 냄새가 나거나 아세톤과 비슷한 냄새가 난다). 개는 코로나19 감염증을 포함해 매우 다양한 인간의 질병을 진단할 수 있다. 심지어 간질 발작이 일어나기 전에 냄새로 미리 감지한다.

인간은 성 선택에서도 선호하는 냄새가 뚜렷하게 나타난다. 한 연구에서는 여성에게 간밤에 남성 참가자가 입고 잔 티셔츠의 냄새를 맡고(남성 참가자는 성격 성향을 파악하기 위한 평가를 받았고 흡연과 음주, 향수 사용이 엄격히 금지됐다) 티셔츠 주인의 성격 성향을 추정하도록 했다. 그 결과 여성은 남성이 외향적인지, 신경이 예민한 편인지, 아니면 지배적인 성향인지를 냄새만으로 놀랍도록 정확히 맞혔다. 지배적인 성향의 경우 특정 호르몬의 수치가 높게 나타나고 이 호르몬이 분해되면 몸내에 영향을 주는 분자가 되는 것으로 추정된다. 여러 연구에서 여성은 냄새가 '지배적인 성향'인 남성을 선호하고 특히 생식 기능이 가장 활발해지는 기간에 그런 경향이 나타났다.

특이한 건 여성이 냄새로 남성의 체형 요소까지 알아내고, 대칭성이 더 크게 느껴지는(대칭성은 유전학적인 질적 수준을 나타낼 가능성이 있다) 냄새를 선호한다는 것이다.

호주 시드니에서 실시한 연구에서는 남성이 과일과 채소를 섭취하면 여성이 남성의 땀에서 '꽃과 과일 냄새, 달콤한 냄새, 약초 냄새'가 나서 더 좋게 느낀다는 결과가 나왔다. 스위스 생물학자 클라우스 베데킨트(Claus Wedekind)는 유명한 '땀에 젖은 티셔츠 연구'에서 여성이 자신과 면역계 구성이 다른 남성의 냄새에 더 끌린다는 사실을 발견했다. 이는 상당히 납득되는 특징이다. 면역계 구성이 서로 다른 사람이 부부가 되어 아이를 낳으면 엄마와 아빠의 면역계 구성요소를 전부 아이에게 물려주어 아이는 그만큼 감염 방어 기능이 강해져 생존 확률이 높아지기 때문이다.

그럼 남성은 어떨까? 남성의 후각적 선호도에 관한 연구는 여성을 대상으로 한 연구보다 훨씬 적지만, 여성이 배란기일 때 나는 몸내를 선호하는 경향이 있고 생리 중인 여성의 몸내에는 덜 끌리는 것으로 나타났다.

냄새 탐구

누구나 알지만 땀을 흘리면 몸에서 고약한 냄새가 난다. 희한한 건 땀 자체는 냄새가 없다는 사실이다. 몸의 세 가지 분비샘에서 만들어지는 물질과 세균이 증식하기 좋은 습한 환경이 맞아떨어지면 땀에서 냄새가 나며 악취의 원인은 대부분 세균이다. 땀은 몸 전체에서 나지만 땀 냄새는 주로 따뜻하고 포근한 곳, 다양한 액체가 흘러나오는 분비샘이 있는 곳에서 발생한다. 겨드랑이가 특히 그렇고 사타구니, 두피, 발, 입, 항문 주위, 생식기도 포함된다.

분비샘에서 생긴 액체가 피부로 흘러나오면, 몸에 사는 각종 세균과 진균류가 그 액체를 먹이로 섭취하고 따뜻하면서 습한 곳, 털이 있어 공기가 상대적으로 잘 통하지 않는 곳, 피부와 피부가 맞닿은 곳에서 증식한다. 몸내은 이러한 미생물이 활동하면서 생긴 부산물이다. 몸내를 화학적으로 분석하면, 흥미롭게도 지방산과 설파닐알카놀(sulfanyalkanols), 냄새가 지독한 스테로이드가 주성분이다. 프로피오니박테리움이 만드는 시큼한 프로피온산과 치즈와 과일 냄새가 섞인 듯한 이소발레르산, 썩은 버터 냄새와 비슷한 부티르산, 달걀 냄새를 풍기는 티오알코올도 몸내에 영향을 준다.

재미있는 사실은 남성의 몸내는 치즈, 여성의 몸내는 양파 냄새와 더 비슷하다는 점이다. 남성의 몸은 코리네박테리아 제이케이움(Corynebacterium jeikeium)이라는 세균의 비율이 높고 여성의 몸에는 포도상구균 중에서도 스타필로코쿠스 헤몰리티쿠스(Staphylococcus haemolyticus)의 비중이 높은 것이 이러한 차이를 만든다고 추정된다.

그럼 몸에서 냄새가 나는 건 안 좋은 걸까? 몸 냄새가 심해도 의학적으로는 아무 문제가 없지만, 위생 상태가 나쁘다는 사실을 알리는 지표인 경우가 많고 정말로 그렇다면 문제가 될 수 있다. 몸이 너무 지저분하면 인체의 전반적인 미생물군(204쪽 참고) 균형이 깨져 특정 균이 병을 일으킬 정도로 대거 증식할 가능성이 있기 때문이다.

인류의 진화 측면에서는 몸내가 다른 무리와 자기 가족을 구분하는 유용한 도구로 쓰였다. 다른 사람의 관심을 끌 때, 생식 활동에도 활용됐다.

입내

우리가 평생 숨을 쉬는 횟수는 평균 4억 회에 이를 만큼 호흡은 굉장히 활발하게 이루어지는 활동이다. 우리는 한 번 호흡할 때마다 산소 분자를 2.5에 10의 22제곱을 곱한 양(2.5 × 10^{22})만큼 들이마시며, 매일 약 320㎖나 되는 체액이 내쉬는 숨을 통해 사라진다.

호흡이 상당히 유용한 기능이라는 것은 여러 이유로 분명한 사실이다. 몇 안 되는 단점 중 하나는 입내다. 입내는 엄청

난 수치심을 줄 수 있지만 혼자 자기 입내를 파악하기가 힘들다는 게 문제다. 그런데 가족이나 친구, 동료는 상대방이 입내가 나더라도 알려 주기를 꺼린다.

입내는 주로 세균이 밀집한 혀 뒤쪽의 생체막과 음식에 들어 있는 아미노산이 만나 고약한 냄새가 나는 휘발성 황화합물이 형성되는 것이 원인이다. 보통 구강 위생 상태가 나쁠 때 이런 현상이 나타나지만, 입안이 건조하거나 음식물이 입안에 끼어 있거나 탄수화물 섭취량이 너무 적어 과일 냄새가 나는 케톤이 대량 발생해 호흡과 함께 방출되는 경우 등 여러 원인으로 입내가 생길 수 있다. 더욱 놀라운 사실은 혀에 검은 털이 자라는 설모증(200쪽 참고)도 입내의 원인이 될 수 있다는 점이다.

입내를 구성하는 휘발성 물질은 대부분 방귀에 포함된 물질과 놀랍도록 비슷하다(86쪽 참고). 하지만 함량은 달라 입내만의 독특한 특성이 생긴다. 입내의 원인 물질은 최대 150종에 이르지만 주된 성분은 황화수소(썩은 달걀 냄새), 메탄티올과 디메틸설파이드(오래된 양배추 냄새), 트리메틸아민(썩은 생선 냄새), 인돌(꽃 냄새가 섞인 강아지 똥 냄새)이다.

여러 연구에서 남성이 여성보다 입내가 생기는 빈도가 더 높고, 호흡을 코보다 입으로 많이 하는 아이도 그럴 확률이 높은 것으로 나타났다. 웃긴 건 영어에서 입내를 뜻하는 'halitosis'는 구강 청결제 제조업체인 리스테린(Listerine)에서 만들어 냈다는 사실이다(엄밀히 따지면 만들어 냈다기보다 재발견했다고 할 수 있다). 입내가 안 나는데도 그렇다고 생각하고 두려워하는 입내 공포증을 가진 사람도 있다.

냄새 탐구

냄새는 전부 하나가 아닌 여러 가지 휘발성 물질이 섞여 발생한다. 토마토에는 휘발성 물질이 400종 넘게 들었고 초콜릿에는 600종 이상, 볶은 원두에는 1,000종 이상이 있다(우리가 커피 향이라고 느끼는 물질은 그중 20~30종에 불과하다).

시각

나는 우리 집 냉장고에 내가 하는 과학 공연에서 쓰기 위해 늘 양의 눈알을 10개 정도 준비해 둔다. 눈은 정말 매혹적인 기관이다. 눈은 이 책에서 다루는, 더럽다거나 민망하다고 느끼는 특징은 전혀 없지만 몇 가지 놀라운 사실을 꼭 언급하고 싶다.

단속 운동(신속 운동)이라고 불리는 안구 움직임은 매일 25만 번 정도 일어난다. 눈은 이를 통해 초점을 맞추고, 빛의 수백만 가지 색과 강도를 수용한다. 뇌의 대뇌피질 중 무려 30~50%가 눈으로 들어온 엄청난 정보를 처리하는 일에 매달린다.

양쪽 눈에 보이지 않는 부분, 즉 맹점이 놀라울 만큼 많은데도 우리가 대부분 그런 사실조차 모르고 살 수 있는 건 뇌가 그 빠진 정보를 다 채우기 때문이다. 이를 쉽게 확인할 방법이 있다.

한쪽 눈을 감고 팔 하나를 최대한 앞으로 쭉 뻗은 다음 손가락 하나를 든다. 눈은 정면을 똑바로 응시한다.

손가락을 수평으로 천천히 몸 중앙에서 가장자리로 이동시킨다. 어느 순간 손가락이 보이지 않을 것이다.

다시 몸 중앙 쪽으로 손가락을 가져오면 마술이라도 부린 것처럼 다시 손가락이 눈에 들어온다.

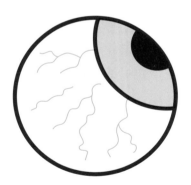
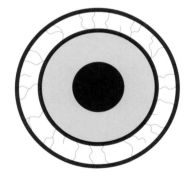

간지럽히기와
쓰다듬기

딸들은 자주 내게 쓰다듬어 달라고 한다. 목 뒤편이나 이마를 살살 쓰다듬어 주면 잠이 솔솔 온다는 것이다(아이들은 이걸 '간질간질하게 쓰다듬기'라고 부른다*). 백상아리도 그런 손길을 무척 좋아해, 코 아래쪽을 살살 만져 주면 무아지경에 빠져 반쯤 최면에 걸린 상태가 된다.

이렇게 쓰다듬는 것은 웃음이 터지고 온통 몸을 비틀며 난리가 나는 간지럼 태우기와는 확연히 다르다. 영장류는 대부분 간지럼을 태우면 웃음을 터뜨린다(침팬지와 고릴라는 숨을 헐떡이는 듯한 소리를 내는데, 웃음과 같다고 여겨진다). 심지어 새끼

---

* 사실 이건 내가 어머니께 배운 기술이다. 어머니는 나를 재울 때 늘 손가락 끝으로 피부를 간지럽히기보다는 살짝 누르는 듯 부드럽게 쓰다듬어 주셨다. 그느낌이 너무 좋아 요즘도 피곤할 때면 안경대로 내 이마를 직접 문지르곤 한다. 말하고 보니 좀 이상한 사람이 된 것 같다.

쥐도 간지럼을 탄다.

그런데 간지럽히거나 쓰다듬을 때 그 느낌의 본질은 무엇일까? 둘 다 뇌의 엔도르핀 분비를 촉진해 행복한 기분을 느끼게 하고 그보다 중요한 신뢰감을 만든다. 뇌는 다른 사람의 손길을 구분하므로 자기 몸을 직접 간지럽히면 반응이 다르다. 뇌의 체성감각피질(촉각 관련 영역)과 전대상피질(기쁨 관련 영역)은 모두 다른 사람이 간지럽힐 때 더 강하게 반응한다. 몸을 쓰다듬고 간지럽히는 행동은 부모와 아이 사이에 유대감을 형성시키는 중요 활동이며, 그 손길로 터지는 웃음(97쪽 참고)은 사회적인 상황에서 생긴 긴장을 해소하는 도구다. 이는 모두 우리를 하나로 똘똘 뭉치게 만든다. 결국 사회적 동물인 인간의 성공적인 생존에 중요한 요소인 협력을 강화한다.

간지러운 느낌은 촉각원반과 마이스너 소체, 루피니 말단, 파치니 소체와 같은 인체의 기계수용체를 통해 전달된다. 간질간질한 손길은 피부 표면 근처에 있는, 적응 속도가 느린 편인 촉각원반을 통해 느끼고 깔깔 웃게 만드는 간지러움은 더 깊숙한 곳에 자리한 달걀 모양의 파치니 소체로 느낀다. 이 두 기관이 작동하는 메커니즘은 같다. 즉 눌리는 자극이 주어지면 형태가 약간 변형되고, 아주 작은 축삭돌기(모든 신경세포에 연결되어 있는 극도로 작은 전선)를 통해 신경 자극이 전류 형태로 뇌에 전해진다. 마이스너 소체는 섬세한 접촉과 주파수가 낮은 진동에, 루피니 말단은 긁는 자극에 반응한다.

과학자는 1990년대 후반에 부드럽게 쓰다듬을 때 활성화되는 CT 촉각 섬유(CT fibre)라는 신경도 발견했다. 이 촉각 섬유는 머리와 팔, 허벅지, 몸통 윗부분에 집중되어 있다. 다른 대부분의 신경 섬유가 보내는 정보가 뇌의 체성감각피질로 보내지고 그곳에서 처리되는 것과 달리 CT 촉각 섬유의 정보는 뇌섬엽으로 간다. 뇌섬엽은 감정을 처리하는 영역이며, 다른 사람이나 상대방의 의도에 관한 생각을 처리하는 뇌의 다른 영역과 밀접하게 연결되어 있다. CT 촉각 섬유는 초당 3~5cm 정도의 속도로 천천히 부드럽게 쓰다듬을 때 활성화되고 따뜻한 온도에서 가장 효과적으로 기능하는 것으로 보이므로, 간지럼힘과 쓰다듬는 자극을 느끼는 수용체가 분명하다.

간질간질한 느낌에 관한 탐구

여러 실험을 통해 촉각 수용체인 마이스너 소체는 털이 없는 피부에 집중되어 있고 겨우 20mg의 압박에도 반응한다는 사실이 밝혀졌다. 그 정도면 파리 한 마리가 피부에 앉았을 때의 느낌이다.

가려움과 긁기

가려움증(소양증)의 메커니즘은 수수께끼다. 가려움을 느끼는 부분을 살펴보면, 다른 일반적인 신경 말단과 신경의 밀도 면에서는 별 차이가 없다. (통각으로 알려진) 통증 감각과 비슷한 면도 있지만 다른 점도 많다.

예를 들어 통증은 몸 깊숙한 곳에서 발생하지만 가려움은 피부 가장 바깥층과 눈 각막, 피부 점막에서만 생긴다. 또한 가려움을 느끼면 긁고 싶어지는 것과 달리 통증을 느끼면 몸을 방어하거나 물러나고 싶어진다.

가려운 느낌은 물리적인 접촉(벌레가 피부를 기어 다니거나 옷의 섬유가 피부를 자극하는 경우처럼) 또는 단백질 분해효소나 히스타민에 의한 화학적인 반응으로 촉발된다. 그 외에도 건초열과 같은 알레르기 반응과 광과민성 피부염, 피부질환, 세균이나 진균, 바이러스 감염, 약물 반응, 질병 등 수백 가지 원인으로 가려움을 느낀다. 심인성(마음에서 시작된다는 뜻)으로도 나타나는데, 솔직히 고백하면 이 글을 쓰는 지금 나는 온몸이 가려워서 미치겠다.

가려움 탐구

'가려움증 전염', 즉 가려움에 관해 이야기하거나 누가 가려워하는 모습을 보면 자신도 가렵다고 느끼는 심리 반응은 아직 밝혀진 부분이 많지 않지만 '거울 반응(이것 역시 거의 밝혀진 것이 없다)'이라는 희한한 공감 반응과 관련되었을 가능성이 있다. 거울 반응은 다른 사람의 어떤 신체 활동을 보면 뇌의 신경이 활성화되어 똑같이 하는 것을 가리킨다. 이런 식으로 자신도 가려움을 느끼는 걸 보면, 가려움증에는 전염성이 있는 것 같다.

독일어로 미템핀둥(mitempfindung)이라고 하는 감응은 몸의 어떤 곳에서 느끼는 것이 다른 부위로 옮겨가는 현상이다. 즉 한 곳에서 느껴지는 가려움이나 자극, 긁힘을 다른 부위에서 느낄 수 있다.

가려울 때 긁으면 너무 시원한데, 이 반응에 관해서도 밝혀진 게 별로 없다. 가렵다고 느끼면 긁을지 말지 스스로 결정한다고 생각할 수 있지만, 때로는 우리의 의지와 거의 상관없이 반사적으로 긁을 때도 있다. 가려운 느낌이 들면 팔과 다리 중에 가까이에 있는 것, 주로 손이 자동으로 가려운 부위로 가서 그 느낌이 완화되도록 리드미컬하게 움직인다. 개도 그런 행동을 하고, 우리 집 고양이도 마찬가지다. 개나 고양이의 특정 부위를 쓰다듬으면, 갑자기 뒷발로 귀 뒤를 '긁는' 반응이 자동으로 나타나며 쓰다듬는 걸 멈출 때까지 그 반응이 계속된다는 사실을 확인할 수 있다.

경련

근육 경련은 대부분 근섬유다발의 수축 현상으로 알려져 있다. 모든 근육에서 발생할 수 있지만 다리와 눈꺼풀에서 가장 많이 나타난다. 이런 경련은 딱히 악영향이 없어 굳이 귀찮게 깊이 연구하려는 사람이 나타나지 않아 밝혀진 사실이 거의 없다. 우리가 아는 건 신경에 자극이 발생해 나타나는 현상이라는 정도인데, 어느 부위에서 어떻게 신경이 활성화되는지는 명확하지 않다. 게다가 신경 자극이 전혀 발생하지 않은 근육에서도 경련이 일어날 때가 많다.

자극이 주어지는 경우, 척추의 하위 운동 뉴런에서 근섬유의 수축을 막는 신호가 발생한다. 잠이 크게 부족하거나 운동을 너무 심하게 했을 때도 경련이 나타날 수 있고 카페인 과다 섭취(나는 카페인을 냅다 들이키며 올빼미처럼 밤을 새던 대학생 시절에 다리에 경련이 생겨 끔찍하게 고생한 기억이 있다), 마그네슘 부족과도 관련이 있다.

경련에는 효과를 장담할 치료법이 없으나, 일부 간질 치료제와 발작 치료제가 도움이 될 수 있다. 보통은 수면이나 식생활을 개선하는 등 생활 방식을 바꾸면 좋아지는데, 그런 변화는 말처럼 쉽지 않다.

나는 다리 경련 때문에 병원에 간 적이 있다. 의사는 하루에 다이어트 콜라 4ℓ, 커피 여덟 잔을 마시며 굳이 과제를 한밤중에 해치우는 건 다리 경련을 일으킬 뿐만 아니라 무덤에 일찍 들어가는 지름길이라는 소리를 했다. 그 말을 듣고 나서야 가까스로 문제를 해결할 수 있었다.

하품

'입을 벌리는 행위(oscitation)'라고도 불리는 하품은 한때 인체의 별난 신경학적 현상 중에서 드물게 원리가 다 밝혀졌다고 여겨진 적이 있다. 하품은 몸에 산소가 부족할 때 혈중 산소 농도를 높이는 편리한 방법이라는 설명이 나왔는데, 1987년에 하품이 산소 부족과는 아무 연관이 없으며 하품하는 진짜 이유는 알 수 없다고 밝힌 논문이 발표되면서 상황이 바뀌었다. 그때부터 하품학(하품에 관해 연구하는 분야) 전체가 암흑기와 혼란기에 들어섰고 이는 지금까지 이어진다.

하품은 의지에 따라 조절할 수 있는 부분이 많은 느린 반사 반응이다. 예를 들어 눈 깜박임의 경우 하품과 달리 빠른 속도로 일어나고 마음대로 조절할 수 없다. 하품은 지루하거나 피곤할 때, 때로는 스트레스가 심할 때 일어난다. 하품하면 두개골의 혈류가 증가해 뇌 온도가 약간 내려간다는 사실은 밝혀졌지만 무슨 특별한 의미가 있는지는 알 수 없다. 이상한 점은 밤에 푹 잘 자고 일어났을 때 하품을 가장 많이 하는 경향이 있다는 것이다.

하품도 미소나 웃음처럼 전염성이 강하다. 학교에 다닌 사람이면 다들 알 것이다. 누가 하품을 언급하기만 해도 하품이 날 수 있다. 나는 지금 이 글을 쓰면서 하품을 엄청나게 해대는데, 여러분도 그렇지 않을까 싶다. 가장 그럴싸한 설명은 하품은 공감의 신호로, 사회적 동물인 우리를 하나로 묶는 작지만 유용한 수단이라는 것이다.

그런데 하품은 종이 다른 생물 사이에서도 전염성이 나타난다. 개들은 사람이 하품하는 걸 보면 같이 하품하는데, 그 대상이 주인이든 낯선 인간이든 마찬가지다.* 개는 지루할 때보다 스트레스를 느낄 때 하품하므로 이는 굉장히 희한한 일이다.

우리 집의 꼬질꼬질한 하운드종 반려견 블루는 내가 산책

---

* 내가 지금보다 조금 더 젊을 때 쓴 책 《개 안내서》에 자세히 나와 있다.

하러 가자고 말한 다음 이것저것 챙기느라 지체되면 문밖으로 나갈 때까지 여러 번 요란하게(혀가 전부 휘어질 정도로) 하품을 해댄다. 다른 동물도 하품을 매우 다양한 목적으로 활용한다. 개코원숭이는 위협할 때, 펭귄은 짝짓기할 상대와 친해지는 과정의 하나로, 기니피그는 화가 날 때(얼마나 귀여운지) 하품한다.

하품 탐구

자궁에 있는 태아와 혼수상태에 빠진 사람도 하품을 한다. 우리는 입을 닫은 채로도 하품할 수 있다. 회의 중에 내가 자주 활용하는 방법인데, 문제는 그렇게 해도 하품하는 걸 모두가 알아챈다는 것이다. 입을 다물고 하품하면 배우 톰 크루즈(Tom Cruise)가 주로 뭔가 결단을 내리는 연기를 할 때처럼 볼이 잔뜩 부풀어 오르기 때문이다.

8장

몸짓 언어

비언어적 의사소통 방식

우리는 몸의 생물학적인 특징뿐만 아니라 세상과 소통하는 모습에서도 민망함을 느낄 때가 많다. 인간이 하는 의사소통의 약 93%는 비언어적인 방식으로 추정된다. 1960년대 심리학자 앨버트 머레이비언(Albert Mehrabian)은 정서적 메시지가 말로 전달되는 비중은 7%에 불과하다고 밝혔다. 나머지는 말할 때의 톤(38%)과 몸짓 언어(55%)이다. (머레이비언은 자신이 좋아하는 것과 싫어하는 것을 말할 때만 이런 특징이 나타난다고 했지만, 그걸 감안하더라도 굉장히 의미심장한 결과다.)

몸짓 언어가 특히 민망하게 느껴지는 경우는 성 선택의 도구로 활용될 때다. 클럽에서 춤추러 나갈 때마다 정말 어색한 기분이 들지 않는가? 사람들이 춤추는 모습을 보면서 수군댄다면, 그건 춤 실력 때문이 아닐지도 모른다. 여성과 동성애자인 남성은 몸이 약한 남성보다 튼튼한 남성의 춤을 더 높이 평가하며, 남성은 여성이 생식 기능이 가장 활발한 시기에 춤추거나 걷는 모습을 보면 아주 섹시하다고 느낀다.

하지만 주의해야 한다. 몸짓 언어가 나타내는 의미에 관해 널리 알려진 정보 중 상당 부분이 별로 근거가 없다. 팔짱을 끼면 방어적이거나 화가 났다는 인상을 준다고 하지만, 사실 정반대로 받아들여지는 경우가 많다. 걷는 모습이 으스대는 느낌을 주는 사람은 외향적이고 모험을 좋아하는 편이며 천천히 느긋하게 걷는 사람은 차분하고 자신감이 있다고 여겨지지만, 연구 결과를 보면 그런 상관관계는 없다. 재미있는 사실은 우리가 다른 사람의 몸짓 언어를 토대로 거짓말을 찾아내는 능력이 아주 형편없다는 것이다. 경찰과 법의학 분야에 종사하는 정신의학자, 판사가 거짓말을 짚어낼 확률은 일반 사람보다 아주 조금 더 클 뿐이다.

전통적으로 머리카락 만지기, 옷 만지작거리기, 눈 맞추기, 상대방 말에 고개 끄덕이기와 같은 행동은 여성이 상대를 유혹하기 위해 쓰는 몸짓 언어라고 여긴다. 전부 유혹의 신호일 수도 있지만, 여성은 상대방에게 전혀 매력을 못 느낄 때도 그런 행동을 한다. 이 방식은 상대방과 더 깊은 관계가 되면 좋을지 판단할 정보를 얻는 데 도움이 될 가능성이 있다. 유혹이 담긴 몸짓 언어가 4분 이상 지속된다면 진심으로 상대에게 관심이 있다는 신호라는 사실도 밝혀졌다.

꾸며 낸 몸짓 언어도 다른 사람에게 주는 인상에 큰 영향을 줄 수 있는 것으로 나타났다. 면접 볼 때 올바른 기술로 여겨지는 대표적인 행동이 그렇다. 면접관과 눈을 맞추고, 미소를 유지하고, 고개를 끄덕이는 행동은 실제로 합격률을 높이며 눈을 맞추려고 하지 않거나 굳은 표정이 지속되면 떨어질 확률이 높아진다.

가짜 몸짓 언어가 몸의 생화학적인 변화를 일으키기도 한다. 억지로 짓는 미소로도 기분이 확연히 나아진다는 연구 결과가 있다. 심리학자가 진행한 아주 흥미로운 연구에서는 전체 참가자 중 절반에게 2분 동안 '큰 권력을 가진 사람'처럼 자세를 취하고 나머지 절반에게는 2분 간 '힘없는 약자'의 자세를 취하도록 한 다음, 승률이 정확히 반반인 도박을 하도록 했다. 그러자 권력자 자세를 취했던 사람은 게임에 돈을 걸 확률이 훨씬 높고 체내 테스토스테론 수치가 높아졌으며 스트레스와 관련된 코르티솔 호르몬 수치는 낮아졌다.

이렇듯 자세가 감정을 조절할 수 있다. 등을 펴고 똑바로 앉으면 긍정적인 기분이 되고, 등을 구부리고 앉으면 부정적인 기분이 된다.

아름다움 탐구

겉으로 드러나는 외모와 기질 사이에는 희한한 연관성이 있다. 여러 연구에 따르면, 아름다운 여성은 덜 매력적인 여성보다 화를 더 많이 낸다. 성별도 기질에 큰 영향을 준다. 남성은 대체로 여성보다 화를 많이 내며, 신체가 튼튼한 남성은 허약한 남성보다 화가 많다. 또 젊은 사람은 나이 많은 사람보다 화를 더 많이 내는 경향이 있다.

2021년 학술지 〈영국 왕립학회 회보(Proceedings of the Royal Society)〉에 실린 한 논문에는 면역 기능과 다른 사람이 인지하는 얼굴의 매력 수준에 놀라운 상관관계가 있다는 결과가 담겼다. 쉽게 말해 남들이 매력적이라고 느끼는 사람은 그렇지 않은 사람보다 건강할 가능성이 크다는 소리다. 정말 짜증 나는 결과다.

붉어진 얼굴

얼굴을 붉히는 이유는 거의 밝혀지지 않았다. 찰스 다윈 (Charles Darwin)은 얼굴이 붉어지는 걸 두고 "인간의 모든 표정을 통틀어 가장 독특하고 가장 인간다운 것"이라고 말했다. 이 현상이 아직 수수께끼로 남은 이유 중 하나는 연구하기가 극히 까다롭다는 점이다. 메커니즘은 다 밝혀졌다. 민망하거나 부끄러울 때, 애정과 연관된 생각이나 열정으로 일종의 정서적인 스트레스가 생기면 피부 표면의 가느다란 모세혈관에 혈류가 증가하면서 얼굴이 붉어진다. 목과 가슴, 귀까지 영향이 나타날 수 있으며, 피부가 뜨끈뜨끈하거나 번들거리기도 한다.

얼굴이 붉어지는 건 마음대로 조절할 수 없는 변화이므로, 대부분 기분이 솔직하게 드러나는 현상으로 여긴다. 인간과 같은 사회적 동물은 수치스러울 때 그런 감정을 솔직하게 드러내는 게 중요하다는 이론도 있다(드러내고 싶은지와 상관없이). 얼굴을 붉히게 만든 사람과 자신이 같은 규칙을 따르며 같은 것에 가치를 둔다는 사실을 인정하는 것이기 때문이다. 비언어적인 사과이자, 다른 사람과 똑같이 생각한다는 걸 보여 주는 것이므로 같은 집단의 구성원 간 유대감 형성에 도움

홍조 탐구

홍조는 얼굴이 붉어지는 것과 메커니즘은 같으면서도 다른 현상이다. 홍조의 경우 심리 요인보다 매우 광범위한 생리학적인 요인으로 나타난다. 기침을 할 때, 매운 음식을 먹을 때도 그렇고 성행위, 카페인 섭취, 탈수로도 홍조가 생길 수 있다. 또 신체 활동이 중단됐을 때도 빨라진 심장 박동으로 혈압이 높아져 몸 전체로 방출되는 혈류가 근육이 실제로 필요로 하는 양보다 늘어나 눈에 확 띌 만큼 얼굴이 붉어진다. 음주도 알코올로 인한 홍조 반응을 촉발할 수 있다. 몸에 아세트알데하이드가 축적되면 몸 여러 군데가 붉어지며, 특히 중국인과 한국인, 일본인의 30~50%에서 이러한 현상이 나타난다.

이 된다.

하지만 통제가 안 될 만큼 얼굴이 시뻘게지면 남의 시선을 지나치게 의식하고 불안한 사람이라는 인상을 줄 수 있다. 상대방에게 지금 얼굴이 벌겋다고 말하는 것만으로도 얼굴이 달아오르게 만들 수 있다. 얼굴이 심하게 붉어지면 사회적 관계를 너무 두려워하거나 사회적인 상황에서 불안 장애가 나타난다는 징후일 수 있다.

울음

우리는 비참할 때, 기쁠 때, 화가 날 때, 심지어 행복할 때도 운다. 하지만 왜 이럴 때 우는지는 아무도 모른다. 그 상황에서 운다고 해서 생리학적으로 득이 되는 것도 없다. 게다가 감정 반응으로 우는 동물은 인간이 유일하다. 이런저런 이론은 많지만, 제시된 이유는 각양각색이고 의견은 거의 일치되지 않았다.

전혀 울지 않는 사람도 있는 것처럼 사람마다 엄청난 차이가 있는 이유도 마찬가지로 밝혀지지 않았다. 찰스 다윈은 정서적인 눈물을 두고 "아무 쓸모가 없다"고 했고, 아리스토텔레스(Aristoteles)는 눈물을 소변과 같은 노폐물이라고 보았다. 실컷 울고 나면 마음이 진정된다고 하지만, 이를 뒷받침하는 근거는 없다.

가장 그럴싸한 이유는 눈물이 인간의 사회성을 키운다는 것이다. 즉 눈물을 흘리면 자신의 취약성을 드러내고, 이는 다른 사람에게 연민을 일으킨다.

진화의 측면에서 보면 다른 사람에게 연민을 느끼고 공감하는 감정은 인간을 하나로 묶고 사회적 동물의 생존에 필수인 협력을 강화한다. 울음은 다른 사람이 화를 누그러뜨리도록 하는 데도 도움이 되며(특히 연인과 부모), 이 역시 사회적인 동물에게는 유용한 기능이다. 내 학창 시절의 기억으로는 그럴 때 우는 건 심한 놀림거리가 되기를 자초하는 일이었지만 말이다(내가 살았던 잉글랜드 밀턴킨스의 분위기는 그랬다). 울고 있는 사람의 모습이 담긴 사진을 딱 50ms만 봐도 우정과 공감, 도와주고 싶은 감정이 생긴다는 연구 결과도 있다.

눈물 탐구

2002년에 발표한 연구에서는 여성이 남성보다 2.7대 1의 비율로 더 많이 우는 것으로 밝혀졌다. 세계 여러 나라에서 아래와 같이 흥미로운 결과가 나왔다.

국가	4주 간 눈물을 흘린 빈도		
	남성	여성	
나이지리아	1.0	1.4	
독일	1.6	3.3	
미국	1.9	3.5	
불가리아	0.3	2.1	
브라질	1.0	3.1	
스웨덴	0.8	2.8	
스위스	0.7	3.3	
이탈리아	1.7	3.2	
인도	1.0	2.5	
중국	0.4	1.4	
터키	1.1	3.6	
폴란드	0.9	3.1	
핀란드	1.4	3.2	
호주	1.5	2.8	

울 때 느끼는 민망함 정도
(0=민망하지 않음, 7=민망함)

남성	여성
4.8	3.9
2.8	3.4
3.9	3.7
4.0	3.3
4.2	3.4
3.3	3.5
4.8	4.7
4.1	3.6
3.8	3.4
3.4	3.0
4.4	3.4
4.5	4.4
2.9	3.0
4.5	3.8

찡그리기

"얼굴 좀 펴"라는 말을 들으면, 뭐라 형용할 수 없는 기분이 든다. 얼굴을 찡그린다는 건 당연히 그럴 만한 명명백백한 이유가 있는 거다. 그러니 제발 좀 내버려 뒀으면 좋겠다. 꼭 화가 나서만 얼굴을 찡그리는 건 아니고, 무언가에 집중할 때도 그런 표정이 자주 나온다. 그게 이 표정의 수수께끼이기도 하다.

찡그리는 표정에는 이름도 멋진 눈썹주름근이 주된 역할을 한다. 이 근육은 눈썹을 아래로 잡아당기면서 이마 전체에 가로로 '주름'이 생기도록 만든다. 이때 콧대 전체에 주름이 함께 잡히기도 한다. 찰스 다윈은 《인간과 동물의 감정 표현(The Expression of the Emotions in Man and Animals)》이란 저서에서 눈썹주름근을 '힘들 때 일하는 근육'이라고 칭했다. 사람이 정신적·육체적으로 힘들 때 이 근육이 사용되는 경향이 있기 때문이다. 하지만 얼굴을 찡그리는 게 문제 해결에 좋은 쪽으로 도움이 된다는 증거는 없다. 사실 정반대다. 얼굴을 찡그리면 기분이 더 나빠진다는 연구 결과도 있다.

우리가 왜 얼굴을 찡그리는지는 분명하지 않다. (미소, 하품, 기침처럼) 전염성이 있는 것도 아니다. 오히려 사람은 얼굴을 찡그린 사람의 감정에 영향을 받지 않을 가능성이 크므로 공감과는 반대 효과가 생기는 것으로 보인다. 사람을 하나로 뭉치게 만드는 사회적 도구와는 거리가 멀고, 무조건 화가 나는 감정을 드러낸다고도 할 수 없다(화날 때 눈썹주름근이 사용되기는 하지만). 불쾌함을 느낄 때는 눈썹과 함께 양쪽 입꼬리도 함께 내려간다.

찡그리기 탐구

보톡스 주사를 맞은 사람은 찡그리는 표정과 얼굴 주름이
줄어든다. 그래서인지 대체로 그런 주사를 맞지 않은 사람
보다 행복감이 더 크다고 한다. 정말 인정하기 싫은 사실
이다.

미소

인간의 얼굴에는 마흔두 가지 근육이 있고, 우리는 이 근육으로 수천 가지 표정을 짓는다. 미소의 종류만 해도 열아홉 가지나 된다. 미소는 억지로 짓는 것조차 마음에 좋은 영향을 준다. 학술지 〈성격과 사회심리학지(Journal of Personality and Social Psychology)〉에 발표된 연구에서는 그냥 미소 표정을 짓기만 해도(연구자의 말에 따라 했을 뿐인데도) 기분이 확실하게 나아지는 것으로 나타났다. 그러니 "얼굴 좀 펴"라는 말이 세상에서 가장 짜증 나는 소리라도 사실은 훌륭한 충고인 셈이다(그래서 더 짜증 난다).

미소의 상대적인 순수성은 더욱 흥미롭다. 진심으로 짓는 미소는 3분의 2초에서 4초 사이로 아주 잠깐, 정말 스치듯 지나간다. 이것보다 더 길게 짓는 미소는 좀 섬뜩해 보이고 진심으로 받아들여지지 않을 확률이 높다.

가짜 미소인 '비뒤센'*과 진짜 미소인 '뒤센'은 눈 주변을 둘러싸고 피부를 수축시켜 눈가 잔주름을 만드는 눈둘레근과 입꼬리가 위로 올라가게 만드는 큰광대근의 수축으로 구분할 수 있다. 뒤센 미소에는 이 두 근육이 모두 사용되지만, 비뒤센 미소에는 입 쪽 근육과 다른 일부 근육만 동원된다.

희한한 건 가짜 미소가 꼭 의식적으로 속이려는 의도에서만 나오는 건 아니라는 사실이다. 아기도 가끔 비뒤센 미소를 짓는다. 생후 5개월 된 아기는 엄마가 다가오면 뒤센 미소를 짓지만 낯선 사람이 다가오면 비뒤센 미소를 짓는다. 우리는 다른 사람의 미소가 진심인지 아닌지 기가 막히게 구분한다고 생각하지만, 연구 결과를 보면 대다수가 구분하지 못한다.

미소는 웃음에 비하면 훨씬 덜 보편적인 감정 표현으로 보인다. 어떤 문화에서는 미소가 수치심이나 혼란스러운 감정을 의미한다. 구소련에서는 낯선 사람에게 웃어 보이는 게 이상하고 의심스러운 행동이라고 여겨지기도 했다. 나는 우

---

* 프랑스 해부학자 기욤 뒤센(Guillaume Duchenne)은 1862년 가짜 미소와 진짜 미소는 얼굴 주름에 차이가 있다는 사실을 처음으로 밝혔다.

크라이나에 갔을 때 체르노빌 사고로 집을 잃은 사람을 위해 생긴 마을인 슬라보티츠의 한 상점에서 보드카를 고르다 직원에게 웃어 보이려고 한 적이 있는데, 그 직원은 비뒤센 미소와는 차원이 다른 반응을 보였다. 얼마나 차갑게 경멸하는 얼굴로 나를 보던지, 등골이 오싹할 정도였다. 하긴, 웬 처음 보는 외국인이 이제 곧 만취할 게 훤히 보이는 상황에서 그 직원이 딱히 기분 좋을 이유는 없었다.

미소 탐구

참 이상하게도 여성은 다른 여성이 미소를 보내는 남성을 더 높이 평가한다. 마찬가지로 여러 여성에게 둘러싸인 남성 역시 미소와 상관없이 다른 여성에게 큰 점수를 받는다. 남성은 정반대로, 다른 남성에게 둘러싸인 여성은 그리 좋아하지 않는다. 남자가 좀 한심하기는 한 것 같다.

감사의 글

내가 떠올릴 수 있는 가장 어린 시절부터, 아버지는 책에 푹 빠져 계셨다. 아버지처럼 세상의 모든 지식과 이야기를 흡수해 엄청나게 똑똑한 사람이 되고 싶다고 간절히 바랐다. 그래서 글을 배우자마자 아버지와 똑같이 했다. 손에 잡히는 책을 전부 다 읽고 밤마다 손전등을 켜고 자기 전에 꼭 한 시간씩 책을 더 읽기도 했다. 어머니가 내 침대 옆 서랍에 넣어 둔 손전등을 원래 용도로 쓰기 위해 가져가시는 바람에 그 노력은 그리 오래가지 못했다.

나는 까탈스러운 독자도 아니었다. 여덟 살에 도스토옙스키(Dostoyezsky)의 《죄와 벌(Crime and Punishment)》을 읽었는데 라스콜리니코프가 어떤 곤경에 제 발로 들어가는지 전혀 이해하지 못했지만 상관없었다. 그저 아버지처럼 내가 글자를 흡수하고, 여러 목소리를 듣고, 이야기 속에 빠져 있다는 사실이 너무나 자랑스러웠다. 그게 내게는 자신감이 되었다. 그래서 내 호기심을 깨워 주신 아버지께 큰 감사를 드리고 싶다. 이 책에서 혹시라도 불쾌한 점이 있었다면 그건 다 우리 아버지 탓이다.

종기와 구토 이야기가 나오는 이 넌더리 나는 과학 안내서를 처음 구상하는 동안 내가 제정신으로 지낼 수 있었던 건 몇몇 분들의 도움 덕분이다. 먼저 스테이시 클레워스와 세라 르빌을 비롯한 쿼드릴 출판사의 멋진 팀에 감사드린다. 내 작업이 한도 끝도 없이 늦어진 점에 대해서도 사과드리고 싶다. 삽화 요청을 흔쾌히 수락하고 기가 막힌 결과물을 만들어 준 루크 버드에게도 고맙다. 내 몸과 마음이 자리를 비운 동안 잘 견딘 데이지, 포피, 조지아에게도 고맙다는 인사를 전한다. 잰 크룩슨, 보라 가슨, 루이스 레프트위치, 메건 페이지까지, 우리 사랑스러운 DML 팀에도 환호를 보낸다. 지난 15년간 나를 반겨 주고 견뎌 준 안드레아 셀라(일명 '똑똑한 펠라')와 너무나 훌륭한 과학 페스티벌 팀 전체에도 감사드린다. 한 명 한 명 이름을 알 수는 없어도 세상에서 가장 기이하고 멋진 과학을 엄중하면서도 열정적으로 파헤쳐 온 무수한 연구자께도 인사하고 싶다. 내가 하는 이야기들, 여러분을 감질나게 만든 모든 이야기는 다 그분들 덕분에 나온 것이다. 덧붙여 브로디 톰슨과 엘리자 헤이즐우드께도 항상 감사드린다.

생각할 공간과 죽여주는 커피(따뜻한 우유 한 주전자까지 추가해)를 제공해 준 카페, 아워글래스 커피에도 감사드린다.

마지막으로, 내 쇼에 찾아와 우리 개스트로넛 팀이 무대 위에서 정말 역겨운 과학을 탐구하는 동안 함께 웃고 즐겨 주신 멋진 관객 여러분께 무한한 감사를 전한다.

사랑합니다, 여러분!

참고 문헌

● 전체

《그레이 해부학: 임상 실습의 해부학적 기초》, edited by Susan Standring (Elsevier, 2020)

《옥스퍼드의 신체 동반자》, edited by Colin Blakemore & Sheila Jennett(Oxford University Press, 2002)

《인간생리학》 by Gillian Pocock & Christopher D Richards(Oxford University Press, 2017)

《해부학, 생리학 및 병리학》 by Ruth Hull (Lotus, 2021)

● 1장 축축하고 끈적하고 얇고 버석거리는 것들

'구강암 및 치주질환 환자에서 혀 긁는 도구가 뮤탄스 연쇄구균과 유산균에 미치는 효과' by Khalid Almas, Essam Al-Sanawi & Bander Al-Shahrani, Odontostomatol Trop, 28(109) (2005), pp5–10

pubmed.ncbi.nlm.nih.gov/16032940/

'귀지 색전: 진단 및 관리' by Charlie Michaudet & John Malaty, Am Fam Physician 98(8) (2018), pp525–529

aafp.org/afp/2018/1015/p525.html

'다이어트의 질과 남성 체취의 매력' by Andrea Zuniga, Richard J Stevenson, Mehmut K Mahmut et al, Evolution and Human Behavior 38 (1) (2017), pp136–143

sciencedirect.com/science/article/abs/pii/S1090513816301933

'런던 PM2.5 2030년까지 세계보건기구 가이드라인 충족 로드맵' (Greater London Authority, 2019)

london.gov.uk/sites/default/files/pm2.5_in_london_october19.pdf

'부모님 질의 응답 안내: 콧물(녹색 또는 노란색 점액이 동반됨)' (CDC)
web.archive.org/web/20080308233950/cdc.gov/drugresistance/community/
files/GetSmart_RunnyNose.htm
'상처 감염과 일반적으로 관련된 병원체는 무엇입니까?'
medscape.com/answers/188988-82335/what-are-the-pathogenscommonly-
associated-with-wound-infections
'상처 치유의 분자생물학', PLoS Biol. 2(8) (2004), e278
ncbi.nlm.nih.gov/pmc/articles/PMC479044/
'섬모 및 점액 섬모 제거' by Ximena M Bustamante-Marin & Lawrence E
Ostrowski, Cold Spring Harb Perspect Biol. 9(4) (2017), a028241
ncbi.nlm.nih.gov/pmc/articles/PMC5378048/
'습관적, 집착적 코 후비기: 정신 장애인가 습관인가?' by JW Jefferson & TD
Thompson, J Clin Psychiatry 56(2) (1995), pp56–9
pubmed.ncbi.nlm.nih.gov/7852253/
'영향을 받는 귀지: 구성, 생산, 전염병학 및 관리' by JF Guest, MJ Greener, AC
Robinson et al, QJM 97(8) (2004), pp477–88
pubmed.ncbi.nlm.nih.gov/15256605/
'저절로 치솟는 구토' (Cornell Health)
health.cornell.edu/sites/health/files/pdf-library/self-induced-vomiting.pdf
'청소년 표본을 대상으로 한 습관적(집착적) 코 후비기에 대한 예비 조사' by C
Andrade & BS Srihari, J Clin Psychiatry 62(6) (2001), pp426–31
pubmed.ncbi.nlm.nih.gov/11465519/
'혀 세척 방법: 칫솔과 혀 클리너를 사용한 비교 임상 시험' by Dr Vinícius Pedrazzi,
Sandra Sato, Maria da Glória Chiarello de Mattos, Elza Helena Guimarães
Lara et al, Journal of Periodontology 75 (7) (2004), pp1009–1012
aap.onlinelibrary.wiley.com/doi/abs/10.1902/jop.2004.75.7.1009?rfr_dat=cr_
pub%3Dpubmed&rfr_id=ori%3Arid%3Acrossref.org&url_ver=Z39.88-2003
'혀 세척제가 미생물 부하와 맛에 미치는 영향' by M Quirynen, P Avontroodt, C
Soers et al, Journal of Clinical Periodontology 31(7) (2004), pp506–510
onlinelibrary.wiley.com/doi/abs/10.1111/j.0303-6979.2004.00507.x

● 2장 버릇없는 소리

'ACCP는 신체 기침 증후군 및 틱 기침 관리에 대한 업데이트된 권장 사항을
제공합니다', Am Fam Physician 93(5) (2016), p416
aafp.org/afp/2016/0301/p416.html

'딸꾹질: 신비한 반사에 대한 새로운 설명' by Daniel Howes, BioEssays 34(6)
(2012), pp451–453
ncbi.nlm.nih.gov/pmc/articles/PMC3504071/

'심리학, 생리학, 병리학 및 신경 생물학에서 한숨의 통합적인 역할' by Jan-Marino
Ramirez, Prog Brain Res 209 (2014), pp91–129
ncbi.nlm.nih.gov/pmc/articles/PMC4427060/

'한숨의 과학' (University of Alberta)
ualberta.ca/medicine/news/2016/february/the-science-of-sighing.html

● 3장 불쾌한 피부

'인간 피부 미생물군집: 피부 미생물군에 대한 내인성 및 외인성 요인의 영향' by
Krzysztof Skowron, Justyna Bauza-Kaszewska, Zuzanna Kraszewska et al,
Microorganisms 9, 543 (2021)
mdpi-res.com/d_attachment/microorganisms/microorganisms-09-00543/
article_deploy/microorganisms-09-00543-v2.pdf

● 4장 어색하고 곤란한 몸

'결혼 및 동거 관계에서의 키스: 혈중 지질, 스트레스 및 관계 만족도에 미치는
영향' by Justin P Boren, Kory Floyd, Annegret F Hannawa et al, Western
Journal of Communication 73(2) (2009), pp113–133
scholarcommons.scu.edu/comm/9/

'그곳의 정글: 배꼽에 있는 박테리아는 매우 다양하지만 예측 가능하다' by Jiri
Hulcr, Andrew M Latimer, Jessica B Henley et al, PLoS One 7(11) (2012),
e47712
ncbi.nlm.nih.gov/pmc/articles/PMC3492386/

'꼬리에 꼬리가 있는 아기' by Jimmy Shad & Rakesh Biswas, BMJ Case Rep
(2012)
ncbi.nlm.nih.gov/pmc/articles/PMC3339178/

'키스는 여전히 키스다. 또는 아닌가?' (University at Albany)
albany.edu/campusnews/releases_401.htm

● **5장 무성한 털**

'남성 안면 모발의 부정적인 빈도와 의존적 선호도 및 변화' by Zinnia J Janif,
    Robert C Brooks & Barnaby J Dixson, Biology Letters 10 (4) (2014)
royalsocietypublishing.org/doi/10.1098/rsbl.2013.0958
'남성의 매력, 건강, 남성다움, 양육 능력에 대한 여성의 인식에서 수염의 역할' by
    Barnaby J Dixson & Robert C Brooks, Evolution and Human Behavior 34 (3)
    (2013), pp236–241
https://www.sciencedirect.com/science/article/abs/pii/S1090513813000226
'남성형 탈모증의 모델로서의 큰꼬리원숭이: 모낭 조영술을 사용하여 분석한 국소
    미녹시딜의 효과' by Pamela A Brigham, Adrienne Cappas & Hideo Uno,
    Clinics in Dermatology 6 (4) (1988), pp177–187
sciencedirect.com/science/article/abs/pii/0738081X88900843
'속눈썹 모낭의 특징과 이상 현상: 검토' by Sarah Aumond & Etty Bitton, Journal
    of Optometry 11 (4) (2018), pp211–222
sciencedirect.com/science/article/pii/S1888429618300487
'인간 진화의 안와상 형태와 사회적 역학' by Ricardo Miguel Godinho, Penny
    Spikins & Paul O'Higgins, Nature Ecology & Evolution 2 (2018), pp956–961
nature.com/articles/s41559-018-0528-0
'인간 페로몬 탐색: 잃어버린 수십 년과 첫 번째 원칙으로의 회귀 필요성' by
    Tristram D Wyatt, Proceedings of the Royal Society B 282 (1804) (2015)
royalsocietypublishing.org/doi/10.1098/rspb.2014.2994
'코털 밀도가 계절성 비염 환자의 천식 발병 위험에 영향을 주는가?' by AB Ozturk,
    E Damadoglu, G Karakaya et al, Int Arch Allergy Immunol 156 (2011),
    pp75–80
karger.com/Article/Abstract/321912
'혼혈 라틴 아메리카의 게놈 전체 연관성 스캔은 얼굴과 두피 모발 특징에 영향을
    미치는 유전자좌를 식별한다' by Kaustubh Adhikari, Tania Fontanil, Santiago
    Cal et al, Nature Communications 7, 10815 (2016)
nature.com/articles/ncomms10815

● 6장 우리 몸에 함께 사는 식구들

'말벌과 꿀벌 침의 생체역학적 평가' by Rakesh Das, Ram Naresh Yadav, Praveer
Sihota et al, Scientific Reports 8, 14945 (2018)
nature.com/articles/s41598-018-33386-y

'신체 내 인간 및 박테리아 세포 수에 대한 추정치 수정' by Ron Sender, Shai
Fuchs & Ron Milo, PLoS Biology 14(8) (2016), e1002533
biorxiv.org/content/10.1101/036103v1

● 7장 기묘한 감각

'구취 – 개요: 1부 – 구취의 분류, 병인학 및 병리생리학' by GS Madhushankari,
Andamuthu Yamunadevi, M Selvamani et al, Journal of Pharmacy and
Bioallied Sciences 7 (6) (2015), pp339–343
jpbsonline.org/article.asp?issn=0975-7406;year=2015;volume=7;issue=6;spag
e=339;epage=343;aulast=Madhushankari

'다이어트의 질과 남성 체취의 매력' by Andrea Zuniga, Richard J Stevenson,
Mehmut K Mahmut et al, Evolution and Human Behavior 38 (1) (2017),
pp136–143
sciencedirect.com/science/article/abs/pii/S1090513816301933

'인간의 MHC 의존 짝 선호도' by Claus Wedekind, Thomas Seebeck, Florence
Bettens et al, Proceedings of the Royal Society B 260 (1359) (1995)
royalsocietypublishing.org/doi/10.1098/rspb.1995.0087

● 8장 몸짓 언어

'단순히 예쁜 얼굴 이상? 면역기능과 인지된 얼굴 매력 사이의 관계' by Summer
Mengelkoch, Jeff Gassen, Marjorie L Prokosch et al, Proceedings of the
Royal Society B 289 (1969) (2022)
royalsocietypublishing.org/doi/10.1098/rspb.2021.2476

'미간 주름 촉진: 불쾌한 감정에 적용되는 얼굴 피드백 가설에 방해되지 않는
테스트' by Randy J Larsen, Margaret Kasimatis & Kurt Frey, Cogn Emot 6(5)
(1992), pp321–338
pubmed.ncbi.nlm.nih.gov/29022461

'성인 울음에 관한 국제 연구: 일부 첫 번째 결과' by AJJM Vingerhoets & MC
    Becht, Psychosomatic Medicine 59 (1997), pp85–86, cited in '국가 및
    울음: 유병률 및 성별 차이' by DA van Hemert, FJR van de Vijver & AJJM
    Vingerhoets, Cross-Cultural Research 45(4) (2011), pp399–431
pure.uvt.nl/ws/portalfiles/portal/1374358/CrossCult_Vijver_Country_CCR_20
    11.pdf
'인간 미소의 조건을 억제하고 촉진하는 것: 얼굴 피드백 가설에 대한 비간섭적인
    테스트' by F Strack, LL Martin & S Stepper, J Pers Soc Psychol 54(5) (1988),
    pp768–77
pubmed.ncbi.nlm.nih.gov/3379579/
'홍조의 수수께끼' by Ray Crozier, The Psychologist 23 (5) (2010), pp390–393
thepsychologist.bps.org.uk/volume-23/edition-5/puzzle-blushing